高寒区多节理硬岩坝料爆破直采施工关键技术及工程应用研究

中国水利水电第三工程局有限公司

贾高峰　袁永强　程平　等　著

U0298940

中国水利水电出版社
www.waterpub.com.cn
·北京·

内 容 提 要

本书以黑龙江省荒沟抽水蓄能电站大坝施工取得的成果为基础，系统阐述了在严寒地区多节理地质条件下坝料开采技术的方法和路线，总结出在节理发育、严寒地区坝料的爆破开挖的成功经验。全书共 11 章，其中第 1～9 章主要为高寒地区的"节理发育、硬岩"的水电站坝料爆破设计原则和方法思路，第 10 章为坝料爆破直采的工程实例，第 11 章对于成果进行总结。

本书可作水利水电施工技术人员的参考书。

图书在版编目（CIP）数据

高寒区多节理硬岩坝料爆破直采施工关键技术及工程
应用研究 / 贾高峰等著. -- 北京 ： 中国水利水电出版
社，2021.9
　ISBN 978-7-5226-0054-3

　Ⅰ. ①高… Ⅱ. ①贾… Ⅲ. ①寒冷地区－水力发电站
－节理岩体－爆破施工－研究 Ⅳ. ①TV542

中国版本图书馆CIP数据核字(2021)第204450号

书　　名	高寒区多节理硬岩坝料爆破直采施工关键技术及工程应用研究 GAOHANQU DUOJIELI YINGYAN BALIAO BAOPO ZHICAI SHIGONG GUANJIAN JISHU JI GONGCHENG YINGYONG YANJIU
作　　者	中国水利水电第三工程局有限公司 贾高峰　袁永强　程　平　等著
出版发行	中国水利水电出版社 （北京市海淀区玉渊潭南路 1 号 D 座　100038） 网址：www. waterpub. com. cn E - mail：sales@waterpub. com. cn 电话：(010) 68367658（营销中心）
经　　售	北京科水图书销售中心（零售） 电话：(010) 88383994、63202643、68545874 全国各地新华书店和相关出版物销售网点
排　　版	中国水利水电出版社微机排版中心
印　　刷	北京九州迅驰传媒文化有限公司印刷
规　　格	170mm×240mm　16 开本　10.25 印张　155 千字　8 插页
版　　次	2021 年 9 月第 1 版　2021 年 9 月第 1 次印刷
定　　价	**60.00 元**

前言

　　随着我国经济的发展，水利水电领域一直是国家基础设施建设的重要组成部分。水利水电基础设施全国范围内覆盖建设，遍及各省（自治区、直辖市）。越来越多电站坝区建设面临高寒的环境、节理裂隙发育且呈现多产状地质构造硬岩等较为复杂的建设条件，导致坝料爆破直采困难重重，合格级配的坝料问题成为制约此类水电站工程施工进度和质量的"瓶颈"。

　　目前，在水利水电站建设中缺乏关于高寒地区、节理裂隙发育且呈现多产状地质构造硬岩施工条件坝料爆破直采影响的系统研究。因此，系统研究高寒地区、节理裂隙发育且呈现多产状地质构造硬岩条件下坝料爆破直采的影响，可以在施工中针对具体的条件进行控制和预处理，提高坝料直采级配的可靠性和效率，为类似条件下坝料爆破直采提供必要的技术支持，对高寒地区、节理裂隙发育且呈现多产状地质构造硬岩坝料直采施工的科学化、定量化具有重要理论意义和实用价值。

　　冻岩的爆破性是表征冻岩爆破难易程度的指标，或是冻岩抵抗爆破能力大小的指标。冻岩的爆破性与低温岩石物理、力学性质有关，也与爆破冲量的大小和作用形式有关。

岩体中含有大量节理、裂隙等缺陷，破坏了岩体的完整性，导致岩体力学参数劣化，使爆破破岩问题变得更复杂。

经调查，国内、外学者在"高寒的环境条件和节理裂隙发育且呈现多产状地质构造硬岩坝料直采爆破性分级"方面涉足研究较少，本研究没有前人经验可以借鉴，研究成果可为同类水电站坝区建设工程提供一些设计思路和施工路线。

本书作者为中国水利水电第三工程有限公司的一线施工人员，长期积极参与我国西部和东北高寒地区水利水电工程建设，对高寒的环境条件和节理裂隙发育且呈现多产状地质构造硬岩坝料爆破直采进行了系统研究，本书为以往工作的总结和深化。

书中第 1、第 2 章由袁永强、陈晓燕、程平和贾高峰共同撰写，其余章节由袁永强、陈晓燕、程平、贾高峰、刘占昭、杨炳强、白海波、高继军、徐晓峰、张育林、杨红波、晁党伟、李东锋、李兆宇、钱运东、鲁顺、韩洪权、徐伟、曹怡明、高海赟、何坪等撰写完成。

本书研究工作得到西安建筑科技大学等单位热情帮助和大力支持，在此特表感谢。

作者

2021 年 7 月于西安

目录

第 1 章

绪　　论

1.1　研究现状

随着国内基础建设高速发展，国内学者在做了大量研究工作后，认为在节理裂隙发育且呈现多产状地质构造和高寒的环境条件下，爆破领域的研究方向主要集中在以下几个方面：

（1）在我国青藏高原和东北部基础建设过程中，遇到了大量冻土，并在冻土中开挖爆破。施工爆破振动对冻土（岩）的影响，外部热源对冻土（岩）热平衡的影响等需要优化爆破参数。对冻土隧道的冻土（岩）的物理力学性质和冻土（岩）的爆破性、影响冻土的热平衡的外部热源、介质对爆生气体的降温效果、起爆时的减震技术的理论研究和现场试验，研究高原冻土、冻岩预裂爆破技术，经归纳有以下结论：

1）依据数值计算和现场试验，提出了合理的爆破方案和爆破参数优化设计方案。

2）分析了影响冻土的热平衡的外部热源，指出爆生气体是主要影响热源之一。

3）完成了 NaCl 盐水对爆生气体的降温试验，研究结果表明水介质对爆生气体的降温效果为 55％，而盐水介质对爆生气体的降温效果高达 70％，降温效果十分显著。

4）采用了 NaCl 盐水水炮泥封堵炮孔的技术措施，达到降低工作面温度和有效降尘的目的。

5）经过现场测试分析，在隧道掘进中对围岩最大爆破振动速度控制在 5～10cm/s 为宜。

（2）高寒区冬季开挖施工，极端最低气温可达一45.2℃，坝基最大冻土厚度在 2m 以上，在开挖施工过程中，通过对钻孔爆破方法和药壶爆破方法进行试验，并做了经济技术和施工进度方面的比较，结果表明采用扩壶药壶爆破法进行冻土开挖施工效果好、进度快，可满足大面积开挖要求，同时也降低了工程成本。

（3）从理论上分析了冻土的爆破作用，爆腔周围依次形成 4 个区：流体区、破裂区、弹塑性变形区、弹性区。根据相似理论和利文斯顿（C. W. Livingston）爆破漏斗理论进行了冻结黏土、砂土不同温度下的爆破漏斗试验，对爆破漏斗几何参数、块度、漏斗形式及扩腔进行了分析，并进行了最佳药量及深度的计算。

经调查，国内、外学者在"节理裂隙发育且呈现多产状地质构造和高寒的环境条件料场爆破性分级"方面涉足研究较少，本书没有前人经验可以借鉴。

1.2 高寒地区节理发育条件下硬岩坝料爆破直采问题研究

1.2.1 存在问题

本书依托中国水利水电第三工程局有限公司荒沟抽水蓄能电站项目，从现场调查发现，爆后岩块级配不能满足直接上坝料要求，高寒地区节理发育、硬岩料场爆破直采存在有以下的一些问题，如图 1.1 所示：

（1）爆破施工后大块率达不到要求，二次破碎量较大。

（2）爆破施工后岩墙、根底率较高，采场底板平整度控制不好，二次处理量较大。

图 1.1 高寒地区节理发育、硬岩料场爆破直采效果示意

（3）爆堆塌落角偏大。

（4）爆堆沉降沟不明显。

（5）爆破后冲大，后续爆破工作面参差不齐、鼓包和开裂。

1.2.2 问题产生的原因

分析认为有以下原因：

（1）岩体地质构造趋于复杂性，由于岩体节理裂隙张裂，不利于成孔和爆破时应力波的传播以及爆炸气体做功，造成岩体的可爆性变差。

（2）高寒地区，冻岩物理力学性质和爆破冲击载荷下动力学特性异常于常温条件下岩体，影响破岩机理。

（3）料场一次起爆药量大，爆炸冲击和震动导致爆区附近岩体变形产生大量次生裂隙，由于爆破破坏效应的叠加，裂隙逐渐扩张，爆区地质条件进一步复杂化。

（4）料场地层地质特征的差异性较大，采取的孔网参数、爆破参数需要根据地层构造使用单一爆破参数和起爆技术很难实现在整个料场爆堆岩块达到堆石坝筑坝级配要求。

（5）料场爆破作业频繁，爆破后需要马上在爆堆后面进行穿孔作业，由于爆堆塌落角偏大，给前排孔抵抗线的确定带来困难，因此在爆堆铲装过程中经常出现个别已穿完的炮孔被挖或个别孔抵抗线过大不利于保证前排孔爆破质量。

（6）爆破实践表明，爆破大块产生的主要部位为前排炮孔临空面、地表、孔网面积偏大的中间部位，对应图 1.2 中的 1～3 区域。4 区域则表现为根底，影响料场底板平整度。

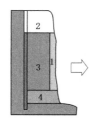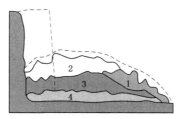

图 1.2　爆堆示意图

爆破后冲致使自由面产生扩张裂隙，导致图 1.2 中 1 区域处直接脱落成大块。

起爆网路采用排间起爆，后排炮孔夹制作用很大，导致炮孔负担面积过大，致使如图 1.2 中 3 区域处产生大块。

如图 1.2 所示，炸药爆轰能量集中在碎石层和块石层。炸药爆轰能量大部分被该层吸收，导致上部在爆腔膨胀过程中产生一些拉伸裂隙，并在爆堆坍塌时由于自重震裂成大块。

1.3 主要研究内容

影响坝料场爆破直采岩体爆破性的主要因素，一方面是岩石本身的物理力学性质的内在因素，另一方面是炸药性质、爆破工艺等外在因素。前者决定于岩体的地质生成条件、结构和后期的地质构造，它表征为岩石物理力学性质；后者则取决于装药结构、起爆方式和间隔时间等。显然，岩体的地质生成条件、结构和后期的地质构造是对爆破块度、爆堆形式以及抛掷距离等爆破效果最主要的影响因素。

本书研究着重考虑硬岩直采料场地质条件（节理、裂隙）和温度条件对爆破的影响和制约，是以基于温度变化进行地质爆破性区域划分为重要内容的研究工作，立足于对不同温度、不同地质构造条件岩体对爆炸应力波传播的影响关联以及不同温度、不同地质区域岩体所体现的力学性质规律方面的研究，采取理论研究和试验测试论证的基础上，实现坝料爆破直采作业质量全面提高的目标。

基于温度变化地质爆破性分级，是根据岩体爆破性的定量指标，将岩体划分为爆破难易的等级。它是爆破施工不同方案的选择、爆破定额的编制和爆破参数的确定等爆破设计的重要依据，并为建立统一的爆破工程的优化计算体系提供基础资料，而且岩石爆破性分级也是堆石坝料场石料级配的科学根据之一。

本书研究的主要内容如下：

（1）提出料场岩体基于"节理裂隙发育"的地质结构面产状和可爆性的统计学分级方法。

（2）提出高寒地区节理发育、硬岩力学特性研究技术路线：

1）采用单轴压缩模拟试验分析，研究高寒地区节理发育条件下硬岩力学性质的变化规律。

2）采用岩石纵波测试和三轴压缩试验，分析高寒、节理发育条件下硬岩的动力强度、应变率等特性。

3）低温环境料场硬岩力学强度和冲击载荷动力学响应规律进行模拟实验定性、定量分析。

（3）提出现场试验验证高寒、节理发育条件下硬岩料场不同条件岩体孔网参数的研究思路，包括：节理发育（水平节理、垂直节理、交错节理），不同低温（−10℃和−20℃）、孔径（90mm）条件下抵抗线、孔间距、排间距的确定方法。

（4）提出现场试验确定高寒、节理发育条件下硬岩料场不同条件岩体爆破参数的技术路线，包括：节理发育（水平节理、垂直节理、交错节理），不同低温（−10℃和−20℃）、孔径（90mm）条件下单耗、孔装药量、延期时间组合（孔内、孔间、排间）、抛掷移动范围和方向验证方法。

（5）提出高寒地区节理发育条件下硬岩坝料爆破直采效果定性、定量评估体系的原则。

通过建立高寒地区节理发育条件下关于硬岩爆破块度、技术经济指标的数学模型，对高寒、节理发育条件下硬岩爆破效果的数值模拟分析结果和施工现场的试验测试数据比较，来进一步验证一系列的模拟实验结论的正确性的步骤、方法以及研究原则。

1.4 研究目的

本书通过对高寒地区节理发育条件下坝料爆破直采硬岩体爆破性分级系统研究实现目的如下：

（1）高寒地区节理发育条件下坝料爆破直采硬岩主堆石料（包括下游堆石料）、过渡料粒径和级配符合要求及成本经济的坝料。

（2）通过课题研究获得高寒地区节理发育、硬岩合理的爆破技术参数，以同类工程理论基础和施工方法。

1.5 研究意义

高寒地区节理发育条件下硬岩坝料岩石的力学性质发生变化，进而致使爆破岩体破碎指标发生变化，直接影响到工程的施工进度。

对于高寒地区节理发育条件下硬岩坝料爆破直采施工技术国内尚属空白，无法借鉴前人经验，本书通过"节理裂隙发育且呈现多产状地质构造和高寒的环境条件"硬岩坝料爆破直采技术的系统研究，提出以高寒、节理裂隙和硬岩爆破块度线性指标为判据，以业内较为成熟的理论成果、动力学实验、软件模拟分析、现场试验等技术综合应用手段，对高寒、节理发育条件下硬岩坝料直采进行爆破性分级研究工作，最终得到适应于不同条件的爆破设计和施工方案。从根本上解决制约项目石料场的爆破施工质量问题，保证坝料开采质量，对改善料区生产管理、组织等工作的技术条件，保障荒沟水电工程项目进度，和为同类工程提供理论、实践借鉴方面均有重要现实意义。

开展冻岩、节理发育、硬岩堆石坝料场石料爆破直采级配研究，低温岩石可爆性分级，制定爆破施工技术方案，解决高寒区节理裂隙发育且呈现多产状地质构造条件下硬岩爆破施工技术难题，力求寻找出一条适用于高寒区节理裂隙发育且呈现多产状地质构造条件下硬岩爆破施工的设计、施工理念和方法，为设计、施工决策提供基础资料和理论技术支持，以保证电站筑石坝的顺利修建，为规范的制定提供依据，并为其他类似地质条件下的工程建设提供有益的参考。

开展高寒区节理裂隙发育且呈现多产状地质构造条件和硬岩条件下基于爆破块度线性指标的爆破施工技术研究，具有非常重要的理论意义和工程实用价值。

第 2 章

高寒地区对水电站坝料
爆破直采的影响

冻岩的爆破性是表征冻岩爆破难易程度的指标，或是冻岩抵抗爆破能力大小的指标。冻岩的爆破性与低温岩石物理、力学性质有关，也与爆破冲量的大小和作用形式有关。

2.1 与炸药有关的爆破性指标的影响

2.1.1 形变能系数

利文斯顿在对爆破理论的深入研究及大量爆破试验的基础上提出爆破对岩石破坏有 3 类：脆性岩石的冲击式破坏、塑性岩石的剪切破坏、松散脆性颗粒岩石的碎化疏松式破坏。利文斯顿爆破漏斗理论认为，岩石的属性在不同的外界条件下可由一种属性（如脆性）改变成为另一种属性（如塑性），但无论如何利文斯顿爆破漏斗理论是适用的，所以对冻岩爆破，利文斯顿爆破漏斗理论也是适用的。

利文斯顿爆破漏斗理论是一套以能量平衡为基础的岩石破碎爆破漏斗理论。当一定量装药埋置深度，由深向浅逐渐变化时，通过冻岩单元体的爆破能量将逐渐增加，冻岩变形和破坏加重，根据能量变化，埋深分为临界深度 L_c 和最佳深度 L_0。在临界深度时，冻岩所吸收的能量刚好达到饱和状态，冻岩表面开始破裂但无漏斗形成；当药包埋置深度小于临界深度时，爆破能量除被冻岩吸收外，还有一部分能量用于抛掷和形成空气冲击波，产生爆破漏斗。当药包埋置深度减小到某一界限时，爆破漏斗体积达到最大值，这时埋置深度称为最佳深度，再减小埋深，漏斗体积将减小，直到漏斗体积为零。由于不同种类、不同温度的冻岩性质不同，在一定装药量下，其临界深度也各不相同。利文斯顿爆破漏斗理论给出了装量与药包临界深度的关系：

$$L_c = E_b Q^{\frac{1}{3}}$$

推导，

$$L_0 = \left(\frac{L_0}{L_c}\right) E_b Q^{\frac{1}{3}}$$

令 $\Delta_0 = \dfrac{L_0}{L_c}$，得

$$L_0 = \Delta_0 E_b Q^{\frac{1}{3}}$$

式中：Δ_0 为最佳深度比，是反映冻土特性的重要指标，对某一冻岩来说，不论所用药量大小如何，Δ_0 均为定值。

装药量计算公式为

$$Q = qV = qkW^3$$

式中：q 为单位炸药消耗量，kg/m^3；V 为漏斗体积，m^3；W 为最小抵抗线，m；k 为系数。

当最优埋深等于最小抵抗线时，根据上式合并得

$$\Delta_0 E_b q^{\frac{1}{3}} = 1$$

对于冻岩，Δ_0 为定值，因此形变能系数与最佳单位炸药消耗量成反比关系，表明 E_b 大、q 小，说明冻岩易爆；反之难爆。

2.1.2　冻岩性能指标

冻岩的性质从根本上取决于冻岩的形成过程。冻岩的形成过程实质上是岩体裂隙中水结冰并将裂隙内固体颗粒胶结成整体物理力学性能发生质变的过程。由于冻岩是由岩石、结构面、固体颗粒、冰包裹体组成的复杂体，所以冻岩性质比较复杂。冻岩作为一个整体主要是内部联结作用的结果——冰胶结联结作用，它几乎完全制约了冻岩的强度与变形性质。冻岩在爆炸荷载作用下发生破坏，可以认为是强度问题。一般情况下，抗压强度越大，抵抗爆破的能力就越强。

2.1.3　冻岩爆破漏斗试验

利文斯顿爆破漏斗理论反映冻岩爆破性的因素有形变能系数，

最佳单位炸药消耗量以及块度分布，为此进行系列爆破漏斗试验。

2.2 爆破块度影响

爆破块度是评价爆破效果的重要指标。炸药爆破释放能量传递给冻岩，冻岩吸收能量导致冻岩的变形与破坏。由于不同的破坏所消耗能量不同，当炸药的种类及数量一定时，爆破块度的分布即大块率、小块率及平均块度率反映吸收炸药爆破能量的情况。所以冻岩爆块度分布反映了冻岩的爆破性。

2.2.1 块度分布函数

块度分布函数是预测爆破块度分布规律的表达形式。如果用筛下累计百分率作为纵坐标，用组筛的筛孔尺寸即块度尺寸作为横坐标，爆破块度的分布可用一条分布曲线或分布函数的表达式来描述：

$$Y = f(D)$$

式中：Y 为筛下累计百分率；D 为筛孔尺寸或块度尺寸。

用块度分布函数来描述爆破的破碎程度具有两个特点：①全面反映了爆破破碎程度；②可以从分布曲线上求得任一块度尺寸的筛下累计百分率，并且分布函数还有利于进一步揭示爆破破碎的规律。

预报爆破破碎块度的分布函数有以下几种：

（1）$R-R$ 分布函数（Rosin-Rammler 分布函数）。南非学者康林汉认为，岩体爆破后的块度分布服从于 $R-R$ 分布函数，其表达式为

$$Y = 100 \times \left\{ 1 - \exp\left[-\left[\frac{D}{D_0} \right]^n \right] \right\} \times 100\%$$

$$n = \frac{\ln(\ln 2)}{\ln\left(\dfrac{D_{50}}{D_0} \right)}$$

式中：D 为碎块尺寸；D_0 为碎块分布参数，其数值等于当筛下累计百分率为 $(1-1/e)\%$，约 63.2% 时的碎块尺寸；n 为碎块分布参数，D_{50} 为碎块分布均值，即筛下累计百分率为 50% 的碎块尺寸。

（2）G-G-S 分布函数（Gates - Gaudin - Schumann 分布函数）。

$$Y = 100 \times \left[\frac{D}{D_m}\right]^a \times 100\%$$

式中：D_m 为碎块分布参数，其数值等于当筛下累计百分率为 100% 时碎块尺寸即最大尺寸；a 为分布参数。

（3）G-M 分布函数（Gaudin - Meloy 分布函数）：

$$Y = \left[1 - \left[1 - \frac{D}{D_0}\right]^b\right] \times 100\%$$

式中：D_0 为爆前岩体结构尺寸；b 为沿岩体结构尺寸方向上的岩块潜在破坏面数目。

块度分布函数可以预报和评价爆破块度各种块度分布的情况，R-R 分布函数、G-G-S 分布函数、G-M 分布函数是单纯描述碎块线性尺寸数量关系的分布函数。其中，R-R 分布函数和 G-G-S 分布函数因其简便、准确而被广泛应用。因此，采用 R-R 分布函数和 G-G-S 分布函数来描述冻岩的爆破破碎块度的分布。

2.2.2 分布参数的确定

为了求得具体的分布函数，采用线性回归方法求分布参数 D_0、D、n、a，应先对分布函数表达式进行线性处理。

R-R 分布函数：

$$Y_1 = \ln\left[\frac{100}{100 - Y}\right]$$

$$X = \ln D$$

$$B = n$$

$$A = -n\ln D_0$$

$$Y_1 = A + BX$$

G-G-S 分布函数：

$$Y_2 = \ln Y$$

$$X = \ln D$$

$$B = a$$

$$A = \ln 100 - a\ln D_m$$

$$Y_2 = A + BX$$

2.3　冻岩力学性能试验研究技术路线

2.3.1　冻岩强度的影响分析

研究低温和水浸润环境下岩石在外力作用下基本物理力学性质的变化规律。冻岩自身强度分析在一定范围内，冻岩的抗压强度与负温绝对值呈线性关系。苏联学者建议采用下述两个公式计算饱和冻岩、土的极限抗压强度：

$$\sigma = 1.079t + 0.015t^2 + 1.961$$
$$\sigma = 0.785t + 1.961$$

式中：σ 为冻土抗压强度，MPa；t 为冻土温度，取负温绝对值，℃。

冻岩抗拉强度是其抗压强度的 $50\% \sim 80\%$。

试验表明，当正应力小于 10MPa 时，冻土的抗剪强度可用摩尔–库仑表达式描述：

$$\tau = c + \sigma \tan\phi$$

式中：τ 为冻土的抗剪强度，MPa；c 为冻土的黏结力，MPa；σ 为正应力，MPa；ϕ 为冻土的内摩擦角，（°）。

2.3.2　温度变化的影响

因为组成岩石的矿物颗粒的排列是随机的，所以岩石是非均质、非均匀的集合体。因为岩石中各种矿物在低温条件下的膨胀收缩系数均不相同，所以岩石低温条件下各种矿物颗粒的变形也不同。岩石试件温度从 T_1 变化到 T_2 时，膨胀或者收缩使试件长度发生变化 Δl，变化量 Δl 可用下式表示：

$$\Delta l = al(T_2 - T_1)$$

式中：a 为线膨胀或收缩系数，K^{-1}；l 为岩石试件的初始长度，mm。

岩石的体膨胀系数大致为线膨胀或收缩系数的 3 倍，大多数岩石的线膨胀或收缩系数为 $0.3 \times 10^{-3} \sim 3 \times 10^{-3} K^{-1}$。当温度变化 ΔT 时，岩石将产生变形。温度变化后岩石的变形量就是孔隙变化量，从而得出降温后的孔隙率：

$$n = \frac{V_p - 3\beta_S V_S (T - T_0)}{V_p - 3\beta_S V_S (T - T_0) + [V_p + 3\beta_S V_S (T - T_0)]}$$

式中：V_p 为温度变化之前，岩石的体积；β_S 为岩石的线膨胀系数；$3\beta_S V_S (T - T_0)$ 为岩石的体积膨胀量。

2.3.3　矿物颗粒胀缩作用的影响

岩石强度的影响因素作为一个连续体，为了保持其变形的连续性，岩石内部各矿物颗粒不可能按各自固有的温度膨胀、收缩系数随温度变化而自由变形，因此矿物颗粒之间产生约束，变形大的受压缩，变形小的受拉伸。当温度变化到一定程度使岩石内部产生的温度应力超过岩石颗粒之间的抗张应力屈服强度时，岩石内部结构就会被破坏，从而产生新的微小裂缝，使岩石强度降低。

温度对岩石物理特性的改变是显而易见的。因此，进一步研究温度与岩石力学特性之间关系，必须结合温度变化大小和岩石的性质进行模拟力学试验。

2.3.4　低温条件下岩石单轴压缩试验

在现场取样的基础上，全部试验均依照《工程岩体试验方法标准》（GB/T 50266—99）并参考《水利水电工程岩石试验规程》（SL/T 264—2001）以及《岩石试验方法标准》（GB/T 50266—2013）的规定进行。

2.3.4.1　试验内容

（1）试样。试验室制样规格，直径 5cm，样长 10cm。

（2）试验设备。制样机、压力试验机（见图 2.1）、冷冻箱、千分尺、天平。

（3）岩石试样状态。模拟现场条件进行试验。

试样模拟：含水状态饱和、横向裂隙、横纵向裂隙、纵横裂隙、室温条件。

2.3.4.2　试验步骤

（1）用千分尺量取试件尺寸（精确至 0.1mm），对于圆柱体试件在顶面和底面分别测量两个相互正交的直径，并以其各自的算术

图 2.1　单轴压力试验机

平均值分别计算底面和顶面的面积，取其顶面和底面面积的算术平均值作为计算抗压强度所用的截面积。

（2）试件的含水状态可根据需要选择烘干状态、天然状态、饱和状态、加温。状态保持 24h 以上。

（3）将试件置于压力机的承压板中央，对正上、下承压板，不得偏心。

（4）以 0.5～1.0MPa/s 的速率进行加荷直至破坏，记录破坏荷载及加载过程中出现的现象。抗压试件试验的最大荷载记录以 N 为单位，精度 1%。

2.3.4.3　数据分析

根据数据处理的一般原则，舍弃相对误差较大的观察值，以剩余观察值的平均值作为检验结果。相对误差公式如下：

$$相对误差＝（最大值或最小值－平均值）/平均值$$

根据最小误差原理，去掉数据中相对误差较大的最高和最低值后，将剩下的数据取算术平均值得到的单轴抗压强度值，根据普氏分级法确定爆破参数。

2.3.5　低温条件下岩石三轴压缩试验

2.3.5.1　试验内容

（1）试样。在送样的基础上，试验室制样规格，直径 5cm，样长 10cm。

（2）试验设备。制样机、压力试验机（见图 2.2）、千分尺、天平。

图 2.2　电液伺服材料试验系统

（3）试验方法。试验中分别对试件进行冷冻降温，在 $t=$ 室温（5~10℃）、－10℃、－20℃ 三种温度条件下和有效围压 σ_3 为 0MPa、10MPa 和 30MPa 三种情况进行试验。岩石试件塑封平稳地放入压力仓内，并向压力仓注满油，然后将压力仓密封；按拟定的某一围压级别或温度级别分别进行试验。加载时，在试件轴向按恒定的应变速率向试件施加压力，至试件破坏。达到岩石峰值强度后，伺服控制系统继续对岩石施压和记录试件在应变软化阶段的应力和变形，从而获得岩石三轴压缩试验的全应力-应变曲线。

2.3.5.2　试验数据处理及计算方法

试验数据经过计算机处理后，可绘制出应力-应变曲线。通过线性回归用下列公式计算岩石的静态弹性参数：

$$E = \frac{\Delta \sigma_a}{\Delta \varepsilon_a}$$

$$\mu = \frac{\Delta \varepsilon_r}{\Delta \varepsilon_a}$$

$$G = \frac{E}{2(1+\mu)}$$

$$C_b = \frac{\Delta \varepsilon_V}{\Delta p_c}$$

式中：E 为杨氏模量，MPa；μ 为泊松比；G 为剪切模量，MPa；C_b 为体积压缩数，1/MPa；$\Delta\sigma_a$ 为轴向应力增量；$\Delta\varepsilon_a$ 为轴向应变增量；$\Delta\varepsilon_r$ 为径向应变增量；$\Delta\varepsilon_v$ 为体积应变增量；Δp_c 为有效围压。

经回归分析，温度与岩石的单轴抗压强度之间的关系可用下式表示：

$$\sigma = \sigma_0 - \lambda t$$

式中：σ 为单轴抗压强度，MPa；t 为温度，℃；σ_0 为 0℃ 时岩石的单轴抗压强度，MPa；λ 为温度对岩石强度的影响系数。

岩石的弹性模量与温度之间的关系为

$$E = E_0 - \mu t$$

式中：E 为岩石弹性模量，GPa；t 为温度，℃；E_0 为 0℃ 时岩石的弹性模量，GPa；μ 为温度对岩石强度的影响系数。

以上推导关系式中表明岩石试样随着温度的增大，岩石的单轴抗压强度和弹性模量降低。

2.4 低温条件下岩石动力强度的影响

2.4.1 动力强度-应变速率关系

岩石的动力强度与应变速率的简单关系，可以用下式表示：

$$\frac{\sigma}{\sigma_s} \propto \left(\frac{\dfrac{d\varepsilon}{dt}}{\dfrac{d\varepsilon_s}{dt}} \right)^n$$

式中：s 为表静态；$\dfrac{d\varepsilon}{dt}$ 为加载应变速率。

从关系式中可以看出，岩石的动力强度随应变速率增加而增加。

2.4.2 热激活理论

从热激活理论得到的动力强度-应变速率关系：

$$\sigma = \frac{u_0}{V} + \frac{RT}{V} \ln \left\{ \frac{\dfrac{d\varepsilon_0}{dt}}{\dfrac{d\varepsilon}{dt}} \right.$$

式中：u_0 为初始热激活能；$\sigma + \dfrac{u_0}{V}$ 相当于 $\tau = 0$。

$$\frac{d\varepsilon_0}{dt_0} = \frac{d\varepsilon}{dt}$$

时的极限应力，是材料的一种内在性质。

式中：$\dfrac{d\varepsilon_0}{dt_0}$ 为初始应变；R 为气体常数；T 为绝对温度。

表明：强度随应变速率增加而增加，随温度降低而增加。

第 3 章

节理对水电站坝料爆破直采的影响

岩体中含有大量节理、裂隙等缺陷，破坏了岩体的完整性，导致岩体力学参数劣化，使爆破破岩问题变得更复杂。

3.1 基本概念

3.1.1 节理的分类

节理是断裂构造的一类，指岩石裂开而裂面两侧无明显相对位移者（与有明显位移的断层相对）。

（1）按节理的成因，节理包括原生节理和次生节理两大类。

1）原生节理是指成岩过程中形成的节理。

2）次生节理是指岩石成岩后形成的节理。包括非构造节理（风化节理）和构造节理。

（2）以节理与岩层的产状要素的关系而划分为四种节理：

1）走向节理：节理的走向与岩层的走向一致或大体一致。

2）倾向节理：节理的走向大致与岩层的走向垂直，即与岩层的倾向一致。

3）斜向节理：节理的走向与岩层的走向既非平行，亦非垂直，而是斜交。

4）顺层节理：节理面大致平行于岩层层面。

（3）节理的分类还可以节理的走向与区域褶皱主要方向、断层的主要走向或其他线形构造的延伸方向等关系而进行，可划分为三种：

1）纵节理：两者的关系大致平行。

2）横节理：二者大致垂直。

3）斜节理：二者大致斜交。

3.1.2 裂隙形态特征

（1）裂隙形态归纳为 4 种：①平直型；②波浪型；③锯齿型；④台阶型。

（2）节理面的形态，主要是研究凹凸度与强度的关系。

根据规模大小，可将它分为两级，第一级凹凸度称为起伏度；第二级凹凸度称为粗糙度；起伏角 i 愈大，结构的抗剪强度也愈大。

$i=0°$ 时，节理面为平直型的；$i=10°\sim20°$ 时，节理面为波浪形；i 更大时，节理面变为锯齿型。

（3）粗糙度可分为极粗糙、粗糙、一般、光滑、镜面 5 个等级。

3.1.3 节理面的空间分布

3.1.3.1 定义

结构面的空间分布大体是指结构面的产状（即方位）及其变化、节理面的延展性、节理面密集的程度、节理面空间组合关系等。

3.1.3.2 特点

（1）节理面的产状及其变化是指节理面的走向与倾向及其变化。

（2）节理面的延展性是节理面在某一方向上的连续性或节理面连续段长短的程度。

3.1.3.3 节理面的延展性为型式

（1）非贯通性的。

（2）半贯通的。

（3）贯通性的。

3.1.3.4 节理面密度

用节理面的裂隙度、间距或体密度表示。

（1）节理面的线密度 K：指同一组节理面沿着法线方向单位长度上节理面的数目。

（2）节理面间距：指同一组节理面在法线方向上，该组节理面的平均间距。

（3）节理面的张开度：指节理面裂口开口处张开的程度。描述节理面的张开度，常采用下面的术语：

1）很密闭，张开度小于 0.1mm；

2）密闭，张开度在 0.1～1.0mm 之间；

3）中等张开，张开度在 1.0～5.0mm 之间；

4）张开，张开度大于 5mm。

在认识节理的形态及其名称以后，可以进行力学分析研究，节理的形态与爆炸冲击载荷的关系。

3.2 节理的定性、定量分析

通过以下方法来定性、定量分析岩体裂隙分布情况。

3.2.1 节理发育程度

一般指的是节理发育的密度差别，如果节理特别密集，而且也比较平直，互相之间互相切割穿插现象较为常见者应理解为节理发育；而节理不是特别密集，不过还是发育一些，密度不是特别大，那么应理解为节理较为发育，见表 3.1。

表 3.1 围岩节理发育程度划分表

程度	基 本 特 征
节理不发育	节理（裂隙）1～2 组，规则，为原生型或构造型，多数间距在 1m 以上，多为密闭，岩体被切割呈巨块状
节理较发育	节理（裂隙）2～3 组，呈 X 形，较规则，以构造型为主，多数间距大于 0.4m，多为密闭，部分微张，少有充填物，岩体被切割呈大块状
节理发育	节理（裂隙）3 组以上，不规则，呈 X 形或"米"字形，以构造型或风化型为主，多数间距小于 0.4m，大部分微张，部分张开，部分为黏性土充填，岩体被切割呈块（石）碎（石）状
节理很发育	节理（裂隙）3 组以上，杂乱，以风化型和构造型为主，多数间距小于 0.2m，微张或张开，部分为黏性土充填，岩体被切割呈碎石状

3.2.2 裂隙率

节理裂隙发育程度用裂隙率划分：一定面积内裂隙所占面积以 2%、8% 为划分界限，小于 2% 为弱，2%～8% 之间为中等，大于

8%为强。

另外也有用"线裂隙率"，即在一定长度内裂隙占整个长度的百分比。

3.2.3　节理裂隙岩体纵波速度测试

炸药在冻岩中起爆后，由爆炸波产生的三类裂隙（径向、环向和片落裂隙）都是由于拉伸应力而致。爆生气体的气楔作用使裂隙进一步扩展延伸，使冻岩破碎。冻岩的抗压、抗拉强度反映了冻岩的爆破性。

声波在冻岩中传播时，其参数的变化直接反映了冻岩的物理力学性质、结构、节理裂隙等特征。波速是能量传递、消耗、吸收的一个标志量。纵、横波速的组合可以反映冻岩动作用的动弹性模量、动泊松比。由于各种冻岩的物理力学性质不同，其传播速度不同。一般来说，冻岩愈坚固，完整性愈好，波速愈高；反之，冻土不坚固，节理发育，波速愈低。所以，可用波速大小反映冻岩的爆破性。

为改善花岗岩岩体的爆破效果而采取合理爆破间隔时间进行爆破试验，并且针对花岗岩岩体裂隙发育程度需要对岩体进行声波测试得到质量评价。为此进行了声波速度测试，岩体花岗岩受到一定程度风化，且岩体节理裂隙比较明显密集，裂隙间隔小于 50mm。

（1）节理裂隙岩块、岩体声波测试方法。为了得出节理裂隙的发育程度，采用超声波探测法，测得花岗岩岩体声波速度得出岩体损伤程度以此反映节理裂隙发育程度。岩块声波测试方法如图 3.1、图 3.2 所示。

（2）实验室岩样操作方法。在一相对较好的平面上，涂上凡士林或黄油，将发射换能器和接收换能器紧贴在其表面上，成对穿状。用钢尺精确量出两换能器接触面的直线距离 L，开动机器，读出纵波初至时间 T_p 和横波初至时间 T_s，将已测得的纵波速度 v_p 代入经验公式：

$$R = 12.3 v_p^{267}$$

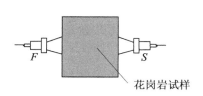

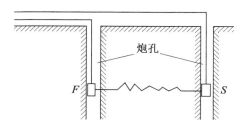

图 3.1　岩块声波测试方法示意图　　图 3.2　岩体声波测试方法示意图

F—发射换能器；S—接收换能器　　　F—发射换能器；S—接收换能器

可求出岩石抗压强度。将浸泡在水中已达饱和状态的岩石试件放入数显恒温冰柜内降温，使岩石本身达到一定温度，测量在该温度下饱水状态岩石的速度。

（3）声波数据采集结果。根据上述测试方法，采集现场不同区域各岩块试件模拟环境温度（室温 5～10℃，－10℃，－20℃）进行声波速度测，并在相应处不同区域进行现场岩体声波速度测试。计算出岩石试件、岩体纵波速度，利用公式：

$$k_v = \frac{v}{v_p}$$

式中：k_v 为岩石初始损伤系数；v_p 为未损伤岩石或岩体纵波波速；v 为损伤岩石或岩体纵波波速。

以无损伤试件岩块或岩体为标准对岩块或岩体损伤进行分级，以岩石试件纵波速度数据和岩体纵波速度进行对比得出岩体损伤程度，为后期爆破试验选取合理间隔时间提供数据基础。

3.3　计算几何模型

节理对爆破效果的影响主要表现为两方面：①应力波在节理面处发生反射，应力波由入射压应力波转化为反射拉伸波，在节理与炮孔间形成反射拉伸裂纹区；②应力波在节理端部应力集中形成翼裂纹区，类似于波的衍射效应。基于上述情况，将节理按长度及其与炮孔的相对位置划分为无限长节理、半无限节理和短节理：当节理长度远大于炮孔直径，爆破过程中节理两端部均不出现翼裂纹的节理为无限长节理，简称长节理；当节理长度远大于炮孔直径，爆破过程中节理一端出现翼裂纹，而另一端不出现的节理为半无限节理；节理长与炮孔直径为同一数量级，两端均出现翼裂纹的节理为短节理。

LS-DYNA 是通用的显式动力分析软件，适合求解爆炸等非线性动力学问题，被广泛应用于岩体爆破数值分析中。为此，本书利用 LS-DYNA 软件对不同静应力作用下含节理花岗岩爆破过程进行模拟，研究静应力和节理位置对爆破效果的影响规律。

3.3.1 含长节理岩体爆破模型

取含节理垂直药柱的矩形区域为研究对象，所建模型见图 3.3 (a)。模型尺寸为 $60d \times 60d$，炮孔直径 $d=5\text{mm}$，位于岩石中心，在距炮孔中心为 R 处设置一条宽度为 $0.1d$、平行右侧边界的节理；模型左侧、底侧采用位移约束，右侧施加垂直节理面的静应

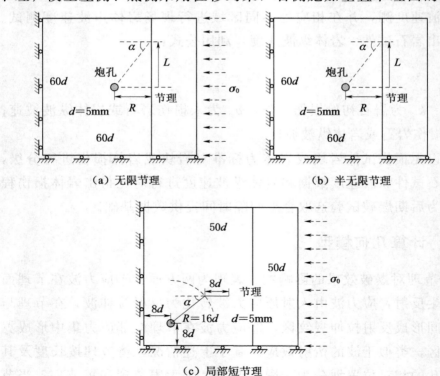

(a) 无限节理   (b) 半无限节理

(c) 局部短节理

图 3.3 节理岩体爆破模型

力 σ_0；模型四周边界均施加无反射边界条件，消除人为边界反射波对结构动响应的影响。

3.3.2 含半无限长节理岩体爆破模型

所建模型见图 3.3（b），与图 3.3（a）比较表明，图 3.3（b）只是将图 3.3（a）中长节理换成半无限长节理，其他条件均相同。将炮孔和节理端连线与节理的夹角 α 定义为应力波入射角。

3.3.3 含短节理岩体爆破模型

取含短节理垂直药柱的矩形区域为研究对象，所建模型如图 3.3（c）所示。模型尺寸为 $50d \times 50d$，炮孔直径 $d = 5\text{mm}$，位于模型左下角，局部节理长为 $8d$，厚度为 $0.1d$，节理面平行上、下边界面，节理近端与炮孔中心的距离为 R。将炮孔和节理近端连定义为应力波入射角。模型左 α 线与节理的夹角侧、底侧采用位移约束，右侧施加垂直边界的静应 0，四周边界均施加无反射边界条件。为了分析 σ 应力对爆破裂纹产生与扩展的影响，建立 7 组含 α 分别取 0°、15°、α 局部短节理岩体的爆破模型，30°、45°、60°、75°、90°，$R = 16d$。

3.3.4 炸药状态方程

模拟药在岩体中的爆破过程。LS-DYNA 软件能够模拟高能炸药的爆轰过程，炸药起爆后，任意时刻爆源内一点的压力采用 JWL 状态方程模拟：

$$P = F p_{eos}$$

$$F = \begin{cases} \dfrac{2(t - t_1) D A_{e\max}}{3 V_e}, & t > t_1 \\ 0, & t \leqslant t_1 \end{cases}$$

$$P_{eos} = A \left(1 - \frac{\omega}{R_1 V}\right) e^{-R_1 V} + B \left(1 - \frac{\omega}{R_2 V}\right) e^{-R_2 V} + \frac{\omega E_V}{V}$$

式中：P 为爆炸压力，Pa；F 为炸药化学能释放率；D 为炸药爆速，m/s；$A_{e\max}$ 和 V_e 分别为炸药最大横截面积和体积；t、t_1 分别为当前时间和炸药内一点的起爆时间，s；P_{eos} 为炸药的爆轰压，Pa；V 为相对体积；ω 为内能参数，Pa；A、B 为常数。

3.3.5　岩体材料模型

（1）采用双线性随动硬化模型作为岩体的弹塑性屈服模型，屈服应力 σ_Y 与应变率 $\dot{\varepsilon}$ 的关系为

$$\sigma_Y = \left[1 + \left(\frac{\dot{\varepsilon}}{C}\right)^{1/P}\right](\sigma_{Y0} + \beta E_P \varepsilon_p^{eff})$$

$$E_P = \frac{E_0 E_{\tan}}{E_0 - E_{\tan}}$$

式中：σ_{Y0} 为初始屈服应力，Pa；$\dot{\varepsilon}$ 为应变率，m^{-1}；C 和 P 为 Cowper - Symonds 应变率参数，对于花岗岩取 $C = 2.5 m^{-1}$ 和 $P = 4.0$；β 为硬化参数，$0 \leqslant \beta \leqslant 1$；$E_P$ 为弹性模量，Pa；$E_{\tan}$ 为切线模量，Pa；ε_p^{eff} 为岩体有效塑性应变，由下式给出：

$$\varepsilon_p^{eff} = \int_0^{t_P} \mathrm{d}\varepsilon_p^{eff}$$

式中：t_P 为发生塑性应变累计时间，s。

（2）爆破过程中粉碎区采用 Mises 屈服破坏准则：

$$\sigma_{VM} > \sigma_{cd}$$

式中：σ_{VM} 为岩体中任一点的 Mises 有效应力，Pa；σ_{cd} 为岩体的单轴动态抗压强度，Pa。

（3）裂隙区采用拉伸破坏准则：

$$\sigma_t > \sigma_{td}$$

式中：σ_t 为爆破产生的拉应力，Pa；σ_{td} 为岩体的单轴动态抗拉强度，Pa。

岩体的单轴动态抗压强度、抗拉强度与单轴静态抗压强度、抗拉强度的关系取为

$$\begin{cases} \sigma_{cd} > \sigma_c \dot{\varepsilon}^{\frac{1}{3}} \\ \sigma_{td} > \sigma_{t0} \dot{\varepsilon}^{\frac{1}{3}} \end{cases}$$

式中：σ_c 和 σ_{t0} 分别为岩体的单轴静态抗压强度和抗拉强度，Pa。

3.4　节理及其填充介质

节理对爆破裂纹扩展的影响与节理两侧岩体性质、节理内填充

介质、节理厚度等因素有关，节理厚度越大、节理内填充介质物性与两侧岩体物性差异越大，节理影响越明显。主要研究节理长度和相对位置、岩体内初应力对爆破效果的影响，故取节理厚度为 $0.1d$ 且保持不变，节理充填介质为软岩，并假设爆破过程中节理充填介质不发生破坏。

3.5　节理与台阶空间位置的影响

但值得注意的是，节理之间存在着地质弱面，抗剪能力较弱，见图 3.4。

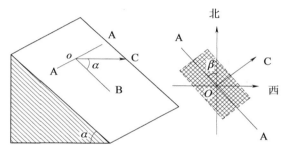

图 3.4　节理示意图

节理产状与台阶坡面角空间位置关系有以下四种：
（1）节理倾向与坡面倾向相反（见图 3.5）。
（2）节理倾向与坡面倾向相同（见图 3.6）。

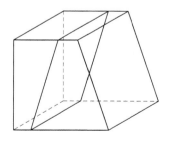 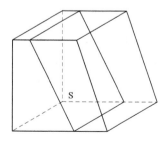

图 3.5　节理倾向与坡面倾向相反　图 3.6　节理倾向与坡面倾向相同

（3）节理倾向与坡面垂直（见图 3.7）。
（4）节理倾向与坡面成 α（$0° < \alpha < 90°$）夹角（见图 3.8）。

25

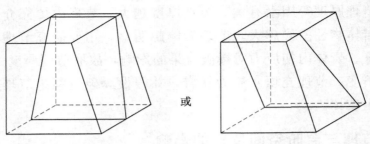

图 3.7 节理倾向与坡面垂直

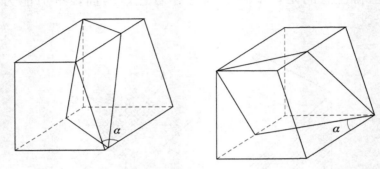

图 3.8 节理倾向与坡面成 α（$0°<\alpha<90°$）夹角

3.6 节理倾向的影响

3.6.1 节理与工作面方向

实际上，由于采掘方向的变化和节理倾向的变化，岩石节理走向与坡面或自由面走向夹角（ϕ）是变化的，不同的角度对爆破影响的方式和程度也是不同的，以单排孔为例，ξ 为大块率。

在图 3.9 中先假设当 $\phi=0°$ 时节理方向与坡面方向一致，且倾向相同，图 3.10 影响曲线显示了节理弱面对爆破大块率的影响，当角度偏转在 0°～45°时，节理弱面不起作用，爆破起爆方向（即坡面走向）对爆破影响不大，在 45°～90°时爆破起爆方向影响增大为主要因素，90°～135°时受到爆破起爆方向和节

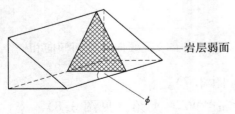

岩层弱面

ϕ

图 3.9 节理方向与坡面方向示意图

理弱面的影响，但这时仍以爆破起爆方向为主，在 135°～180°时节理弱面影响为主。当角度由 180°偏转到 360°时仍遵循上述规律。为简化爆破设计，在 0°～45°时认为节理倾向与台阶坡面倾向相同，在 45°～135°时，认为节理倾向与台阶坡面倾向垂直，在 135°～180°时，认为节理倾向与台阶坡面倾向相反。

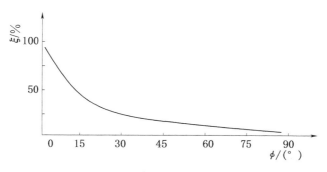

图 3.10　节理弱面对爆破大块率的影响

3.6.2　节理产状与自由面

就单排孔而言，由于采用逐孔微差爆破，前一个孔给后一个孔又多创造了一个自由面，也就是说每个孔有了两个自由面，见图 3.11。单孔所爆破的岩体分为两个部分，即坡面沿走向和沿倾向。在设计中，实际考虑的是这两个方向爆破趋向与节理的空间位置关系。把图 3.9 的坡面比照

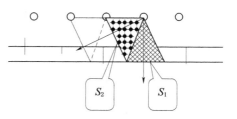

图 3.11　孔间爆破机理

做自由面，这两个自由面与节理的位置具有与上述同样的位关系（节理倾向与自由面倾向相反、节理倾向与自由面倾向相同、节理倾向与自由面倾向垂直）。

下面分别对这三种情况以单排孔为例影响爆破质量作用机理进行讨论：

（1）节理倾向与自由面 S_1 倾向相反的情况。爆破超深（l）、抵抗线（w）、爆破破裂线的水平夹角（γ）为 $\gamma = \mathrm{arctg}\left[\dfrac{l}{w}\right]$，由于

受到水平夹角的节理弱面影响，爆破气体极易沿节理弱面冲出，形成根底（见图 3.12）。

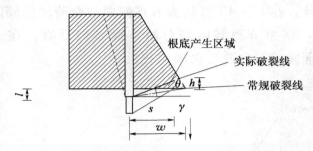

图 3.12 节理倾向与自由面 S_1 倾向相反

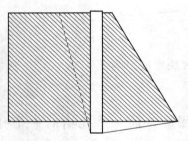

图 3.13 节理倾向与自由面 S_1 倾向相同

（2）节理倾向与自由面 S_1 倾向相同的情况。

由于存在节理弱面的直接影响，爆破工作面普遍存在的沿节理倾向的开放状裂隙，可以按常规方式设计布孔而且在 S_1 方向起爆表现为出现不连续的根底和较广分布的大块（见图 3.13）。

（3）节理走向与 S_1 垂直的情况。

节理弱面是否对爆破生产影响主要跟起爆顺序、自由面有关。当起爆顺序与节理倾向如图 3.14 所示时，节理弱面所产生的影响按照常规布孔方式将有利于克服根底和降低大块率。

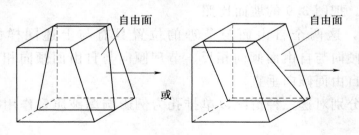

图 3.14 节理走向与 S_1 垂直

第 4 章

高寒地区节理发育条件的
爆破振动影响研究

温度因素致使岩石力学性质发生变化，爆破振动对后续自由面次生裂隙和周边建构筑物的影响程度加剧。

根据岩温对岩石力学性质的影响规律，对低岩温环境施工爆破参数进行限定，将低岩温环境爆破产生的破坏和扰动控制在允许的范围之内是必要的。

4.1 爆破振动效应的影响

距爆源一定距离内，爆炸能量对介质的作用为非弹性作用，该范围内出现岩体因爆破作用形成的破碎带，在某一定距离以远，这种非弹性作用终止，而开始出现弹性效应。这种弹性扰动在岩体介质中以地震波的形式由爆炸区向外传播。

在相同条件下，低岩温环境中震源发出的行进的波动扰动引起围岩介质质点的振动与常温条件波动扰动引起围岩介质质点的振动相比较，其振幅、振速均发生了变化。而且，现场实验测试表明传播距离不变，不同岩温条件下质点的振动强度的衰减期不同。

质点的振动强度超过某一限度时，就会造成周边一定范围内岩体和建、构筑物的开裂、破坏，甚至坍塌。重复爆破作用的扰动，会导致岩石或结构物中已有的裂隙累积性扩展。

岩体在爆炸地震波的作用下，质点的运动状态可以用位移、速度和加速度来表示。计算如以下公式：

$$\xi_r = \frac{v_r}{c}$$

式中：ξ_r 为径向应变，GPa；v_r 为质点径向振动速度，cm/s；c 为纵波的传播速度，m/s。

公式表明，最大质点加速度与质点速度的平方成正比，而且质点最大速度与最大质点位移与频率的乘积成正比。同时，最大质点振动速度还与最大径向应变成正比，所以，质点的速度是岩体变形或应变的尺度，因而是与结构体损害联系最密切的动力扰动。因此，通常通过控制岩体的峰值振动速度，可以达到控制爆破破坏的目的。

4.2　爆破振动的安全判据

对于爆破振动强度的估算，即著名的苏联学者萨道夫斯基（М. А. Садовский）公式，考虑对于低岩温条件下岩石力学性质和地质影响因素的变化，在公式当中加入修正系数见下式：

$$v = K \left[\frac{\sqrt[3]{Q}}{R} \right]^a \alpha_t \beta_r$$

式中：v 为质点振动速度，cm/s；K 为与地质地形有关的参数，见表 4.1；a 为衰减指数，见表 4.1；Q 为段装炸药用量或一次起爆的最大单响药量，kg；R 为测点至爆破中心的距离，m；α_t 为岩温对岩石力学性质影响系数，$\alpha_t = 1.5 \sim 0.5$；β_r 为岩石地质条件影响系数，$\beta_r = 1.0 \sim 0.3$。

由上式可知，质点的爆破振动强度与一次爆破的炸药用量和至爆源的距离有关。由于爆炸地震动效应只存在于介质的弹性传播区范围内，所以通常该公式只适用于距爆源 5～3000m 的范围内，不可以向两端无限延伸外推。

已有的观测资料表明，在坚硬岩层中爆破振动频率较高，软弱围岩中振动频率较低。

表 4.1 为《爆破安全规程》（GB 6722—2011）给出的爆区不同岩性的 K 值、α 值。

表 4.1 爆区不同岩性的 K 值、α 值

岩　性	K	α
坚硬岩石	50～150	1.3～1.5
中硬岩石	150～250	1.5～1.8
软岩石	250～350	1.8～2.0

4.3　爆破振动效应分析

冻岩实际爆破中测取的振动数据，经过线性回归得出的系数和指数经验值，可供使用时参考。与常温岩石爆破施工区别在于温度和地质条件因素的影响。

实验表明，重复爆破作用的扰动会导致冻岩中已有的裂隙累积性扩展。随着温度下降冰的体积在一定范围（0～−10℃）先膨胀，后压缩（−10～−20℃），冻岩中的多节理、裂隙中的水会冻结成更加致密的冰充填其中，冰和冻岩岩体波阻抗的差值比空气和冻岩岩体波阻抗的差值小，应力波传播能量会随温度降低衰减变缓，应力波传播速度会随温度降低而加速，这就意味着冻岩爆破时应力波对围岩的破坏强度也在增强。

岩体中传播的应力波在遇到自由表面时将全部反射（无折射），其初始波射线方向的传播会因此而中断，因此，可以利用这一原理对爆破应力波进行拦截，达到将爆破应力波拦截在单作业循环范围内的目的。

（1）预裂爆破。预裂爆破是拦截应力波最有效的途径之一，它所形成的预裂面可以有效反射爆炸应力波，对围岩的扰动明显小于光面爆破。对于多节理冻岩当尽可能采用预裂爆破。

（2）逐孔起爆。毫秒雷管微差爆破、改善装药结构；工程在控制爆破振动的重要技术方法。

降低冻岩爆破扰动的根本途径之一还是降低爆破荷载的峰值压力。在对冻岩爆破构成扰动的各种应力波中，Rayleigh 波居于支配地位，使爆破荷载逼近"1"字形脉冲，可以大大降低 Rayleigh 波波长，从而降低 Rayleigh 波的影响深度。实现这一目的的有效途径

是逐孔起爆。低岩温环境逐孔起爆不仅可以加速爆破脉冲的衰减，而且由于每层炮的爆破都具有较好的临空条件，可以减小段装药量。

（3）《爆破安全规程》（GB 6722—2014）中，对各类岩体所允许的安全振动速度有规定，可作为爆破设计施工安全判据。

4.4 振动响应的动力学分析方法研究

岩体对爆破振动的响应是一个非常复杂的机制，既与地震波的幅值、频率、衰减规律、持续时间有关，又与传播介质的阻尼、构造以及结构的自振频率有关。为了确定各种因素影响下结构振动响应的变化规律，找出能够评判结构响应的最优爆破振动参数，需从高寒地区节理发育、硬岩振动机制上进行研究。

爆破振动波使原来处于静止的岩体受到动力作用，而产生强迫振动。在振动作用下岩体中产生的内力、变形和位移等称为振动响应。

目前，在地震工程中应用比较成熟的反应谱理论，是分析岩体在低温、节理、动力条件下对爆破振动响应的一种重要手段。

4.4.1 单质点弹性体系反应谱法

采用加速度反应谱理论来确定地震作用：$F = aG$，所谓加速度反应谱，就是单质点弹性体系在一定的地面运动作用下，最大反应加速度与体系自振周期的关系。

最大反应加速度与体系自振周期的关系曲线如图 4.1 所示。

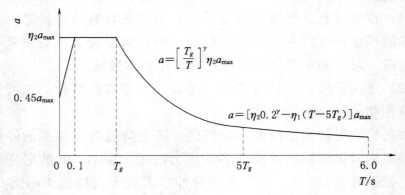

图 4.1 最大反应加速度与体系自振周期的关系曲线

最大反应加速度与体系自振周期的关系式：

$$a = \begin{cases} (0.45+5.5T)a_{max} & ,0 \leqslant T < 0.1 \\ \eta_2 a_{max} & ,0.1 \leqslant T < T_g \\ \left[\dfrac{T_g}{T}\right]^\gamma \eta_2 a_{max} & ,T_g \leqslant T < 5T_g \\ [\eta_2 0.2^\gamma - \eta_1(T-5T_g)]a_{max} & ,5T_g \leqslant T \leqslant 6.0 \end{cases}$$

式中：a 为地震影响系数，即单质点弹性体系在地震时以重力加速度为单位的指点最大加速度反应；a_{max} 为地震最大影响系数，根据表 4.2 进行选择；T 为结构的自振周期，s；T_g 为特征周期，根据场地类别，设计地震分组根据表 4.3 选择；η_2 为阻尼调整系数，$\eta_2 = 1 + \dfrac{0.05-\xi}{0.06+1.7\xi}$，当计算结果 $\eta_2 < 0.55$ 时，取 $\eta_2 = 0.55$，ξ 为阻尼比，一般情况钢筋混凝土结构 $\xi = 0.05$，对钢结构 $\xi = 0.02$；γ 为曲线下降段衰减指数，$\gamma = 0.9 + \dfrac{0.05-\xi}{0.5+5\xi}$；$\eta_1$ 为直线下降段的下降斜率调整系数，$\eta_1 = 0.02 + \dfrac{0.05-\xi}{8}$，当计算结果 $\eta_1 < 0$ 时，取 $\eta_1 = 0$。

表 4.2   水平地震影响系数最大值 a_{max}

地震影响	设 防 烈 度			
	6 度	7 度	8 度	9 度
多遇地震	0.40	0.08（0.12）	0.16（0.24）	0.32
罕见地震	—	0.50（0.72）	0.90（1.20）	1.40

注　1. 括号中数值分别用于设计基本地震加速度为 0.15g 和 0.30g 的地区；
　　2. 此表是根据阻尼比 $\xi = 0.05$ 制定的。

表 4.3   特 征 周 期 T_g

设计地震分组	场 地 类 型			
	Ⅰ	Ⅱ	Ⅲ	Ⅳ
第一组	0.25	0.35	0.45	0.65
第二组	0.30	0.40	0.45	0.65
第三组	0.35	0.45	0.65	0.90

注　当计算烈度为 8 度、9 度的罕遇地震作用时，特征周期应增加 0.05s。

4.4.2 多质点弹性体系反应谱法

振型分解反应谱法是将振型分解法和反应谱法结合起来的一种计算多自由度体系地震作用的方法。首先利用振型分解法，将多自由度体系分解成若干个单自由度体系的组合，然后引用单自由度体系的反应谱理论来计算各振型的地震作用，然后按照一定的方法将各振型的地震作用组合到一起，进而得到多自由度体系的地震作用。

多质点弹性体系在地震影响下，在质点 i 上所产生的地震作用等于质点 i 上的惯性力。

$$F_i(t) = -m_i [\ddot{y}_g(t) + \ddot{y}_i(t)]$$

式中：m_i 为第 i 质点的质量；$\ddot{y}_i(t)$ 为质点 i 的相对加速度。根据振型分解原理：

$$\ddot{y}_i(t) = \sum_{j=1}^{n} \gamma_j \ddot{\Delta}_j(t) y_{ij}$$

$$\ddot{y}_g(t) = \ddot{y}_i(t) \sum_{j=1}^{n} \gamma_j y_{ij}$$

式中：γ_j 为第 j 振型的参与系数。

$$\gamma_j = \frac{\sum_{j=1}^{n} m_j y_{ij}}{\sum_{j=1}^{n} m_j y_{ij}^2}$$

根据主振型正交性可知

$$\sum_{j=1}^{n} \gamma_j y_{ij} = 1$$

因此

$$F_i(t) = -m_i \sum_{j=1}^{n} \gamma_j y_{ij} [\ddot{y}_g(t) + \ddot{\Delta}_j(t)]$$

式中：$\ddot{y}_g(t) + \ddot{\Delta}_j(t)$ 为第 j 振型对应的振子（它的自振频率为 ω_j，阻尼比为 ξ_j）的绝对加速度。在第 j 振型第 i 质点上的地震作用最大绝对值，可表达为

$$F_{ij}(t) = m_i \gamma_j y_{ij} |\ddot{y}_g(t) + \ddot{\Delta}_j(t)|_{max} = a_j \gamma_j y_{ij} G_i$$
$$(i = 1, 2, 3, \cdots, n; j = 1, 2, 3, \cdots, n)$$

即令

$$\frac{|\ddot{y}_g(t)+\ddot{\Delta}_j(t)|_{\max}}{g}=a_j$$

$$G_i=m_ig$$

式中：F_{ij} 为第 j 振型第 i 质点的水平作用标准值；y_{ij} 为第 j 振型第 i 质点的水平相对位移；G_i 为集中于质点 i 的重力荷载代表值，取结构和构件自重标准值和可变荷载组合值之和，一般民用建筑取 0.5。

求得第 j 振型第 i 质点的水平作用标准值 F_{ij}，可按一般力学方法计算结构的地震作用效应 S_j（弯矩、剪力、轴向力、变形）。规范给出了根据随机振动理论得出的计算结构地震作用效应的"平方和开方"公式（SRSS 法），就可以求得总的地震效应为

$$S_{EK}=\sqrt{\sum S_j^2}$$

式中：S_{EK} 为水平地震作用的标准效应；S_j 为第 j 振型水平地震作用的标准效应，可只取 2～3 个振型。

4.5　爆破振动测试实验研究

如果想要了解和有效地控制爆破振动对保留岩体的危害，就需要对每次爆破时产生的振动进行准确的监测。然后，通过爆破振动测试，分析和掌握爆破地震波的特征、传播规律以及对保留岩体的影响和保留岩体破坏机理等，确定回归预报参数，改善爆破振动预测模型。根据监测结果及时调整爆破参数和施工方法，以指导爆破安全作业，从而有效地控制爆破地震效应，减少不必要的经济损失。

测试主要研究两个方面的内容：

（1）研究高寒地区节理发育、硬岩坝料爆破直采过程中地震波的衰减规律，地质构造、地形条件对爆破地震波的影响，以及振动波参数与爆破方法的关系；

（2）研究保留岩体对爆破振动的响应特征，以及爆破振动响应特征与爆破方式、保留岩体特点的关系。

4.5.1　爆破振动测试系统

4.5.1.1　测试系统基本原理

目前振动测试主要采用非电量电测系统，其基本组成为传感器、中间变换器（包括放大器）及记录装置三个部分，如图 4.2 所示。

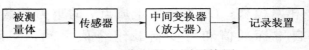

图 4.2　非电量电测系统图

各部分的功能如下：

（1）传感器。它是将被测非电物理量按一定规律转换为电量的装置，是实现测量目的的首要环节和采集原始数据的关键器件。

（2）中间变换器。它是把传感器输出的电量变换为易于显示、记录和处理的电信号。它的种类常由传感器的类型决定。由于传感器的输出信号一般比较微弱，为了便于显示和记录，常常要将信号加以放大，所以大多数中间变换器都带有放大器。

（3）记录装置。它能将信号变为人们感官所能接受的形式，以便于观察分析、记录和保存。

上述测试系统的基本工作原理可以描述如下：与被测体紧附在一起的传感器感应到被测非电物理量（如振动速度、加速度、位移等），然后传感器将感受到的物理量按照相应的关系，转换成另一种物理量（一般为电量），由于传输的电量信号比较弱，经过放大器放大后，中间变换器把放大后的电量信号转换成易于显示、记录和处理的信号，再通过记录装置保存这些能为人们所接收的信号，如图 4.3 所示。

4.5.1.2　测试内容

高寒地区节理发育、硬岩水电站坝料爆破直采振动测试主要包括：地面质点的振动速度测试、爆破振动持续时间测试、爆破地振波的主振频率测试。

4.5.1.3　测点布置

在爆破振动测试中测点主要是依据测试目的和要求进行布置。

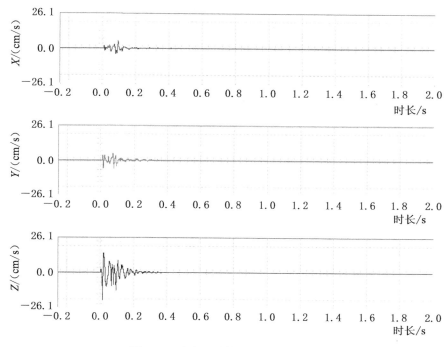

图 4.3　测试系统记录数据示意

要研究爆破地震波的传播规律，通常沿爆源中心的径向或环向布置一条或几条测线；对某一具体的爆破施工，仅在相应的需要保护的保留岩体附近地面布设测点即可；当需了解不同地形、地物对爆破地震的响应情况时，应将测点布设在其附近。

测点的布设要遵循以下三点原则：

（1）由于爆破地震效应在爆源的不同方位有明显的差异，其最大值一般在爆破自由面后侧且垂直于炮心的连线方向上，因此应沿此方向来布设测点；

（2）由于爆破振动的强度随距离的增加呈指数规律衰减，测点间距应该是近密远疏，最好按对数坐标来确定测点距离；

（3）为了保障振动强度衰减公式的拟合精度，测点数须不小于6个。

为了确保高寒地区节理发育、硬岩水电站坝料爆破直采振动安全，必须针对具体的爆破场地进行现场爆破振动测试，以求得该场

区真实可靠的 K 值、α 值，并利用爆破振动速度公式和《爆破安全规程》（GB 6722—2014）中规定的地面质点的安全振动速度值来控制微差爆破单响药量。

4.5.2 测试数据

测试数据分析主要有三个方面：预测质点最大振速、主频分析和持续时间分析。

4.5.2.1 预测质点最大振速

根据预测的各方向最大振动速度，可以在爆破方案设计和爆破安全技术措施制定时，对爆破参数做出调整并进行安全校核，以便将爆破振动破坏始终控制在允许的范围内。

通常是根据爆破试验过程中测得实际数据，以萨道夫斯基公式为基本式，采用最小二乘法进行拟合求得相应爆破振动参数的衰减方程。

萨道夫斯基公式：

$$v = K\rho^\alpha = K\left[\frac{\sqrt[3]{Q}}{R}\right]^\alpha$$

式中：ρ 为比例药量。

为了确定系数 K 和 α，将两端取自然对数转化为线性方程：

$$\ln v = \ln K + \alpha \ln \rho$$

令

$$y = \ln v,\ x = \ln \rho,\ \alpha = \ln K,\ b = a$$

则

$$y = a + bx$$

代入现场实测的 v、Q、R 求出 K 值、α 值就可以预测各质点的最大振速，指导高寒地区节理发育、硬岩水电站坝料爆破直采施工。

4.5.2.2 振速修正

用萨道夫斯基公式预测钻孔爆破的振动速度会产生较大的误差，其原因在于忽略了地质条件、高程、爆破自由面条件、峰值质点振动加速度 a 等因素的影响。

（1）考虑高程的影响。

1）高程作用对爆破振动速度的放大效应明显，并主要以垂直方向振动速度放大为主。

2）随着水平距离、高程差的增大，爆破振动速度以衰减趋势为主导，放大效应不够明显。

3）对于不同地形，在同一水平处各坡面监测点爆破振动速度随着坡面坡度增加以衰减为主，但存在高程放大效应占主导的现象。

修正计算公式如下：

$$v = k \left[\frac{\sqrt[3]{Q}}{R} \right]^{\alpha} H^{\beta}$$

式中：β 为修正衰减参数；H 为距爆心垂直距，m。

（2）考虑爆破自由面条件：

$$v = k \left[\frac{\sqrt[3]{Q}}{R} \right]^{\alpha} A^{\beta}$$

式中：β 为修正衰减参数；A 为自由面面积，m^2。

4.5.2.3　爆破振动安全允许距离及齐发最大药量

根据《爆破安全规程》（GB 6722—2014），爆破振动安全允许距离，可按下式计算：

$$R = (K/v)^{1/\alpha} Q^{1/3}$$

式中：R 为爆破振动安全允许距离，m；Q 为炸药量，齐发爆破为总量，延时爆破为最大一段药量，kg；v 为保护对象所在地质点振动安全允许速度，cm/s；K、α 为与爆破点至计算保护对象间的地形、地质条件有关的系数和衰减指数，可按表 3.1 选取，或通过现场试验确定。

K 值更依赖于爆破条件的变化，α 值主要取决于地形、地质条件的变化。爆破自由面条件好，夹制作用小，K 值就小，反之 K 值大；地形平坦，岩体完整、坚硬，α 值趋小，反之岩体破碎软弱，地形起伏变化，α 值趋大。复杂环境条件下，K 取值范围在 50～1000 之间，α 取值范围在 1.3～3.0 之内。当 $R/Q \leqslant 10$，K 值、α

值都较大，K 值可达 500 以上，α 值达到 2.0~3.0 之间；当 R/Q >10，K 值为 130~500，α 值为 1.3~2.0。

一般爆破设计中，在明确爆区周围重点保护对象结构特征、距离爆区水平距离 R 基础上，根据爆破类型按表 4.4、表 4.5 选取 V，并按上式推算齐发最大药量 Q_{max}。

表 4.4　　　　　爆区不同岩性的 K 值、α 值

岩　性	K	α
坚硬岩石	50~150	1.3~1.5
中硬岩石	150~250	1.5~1.8
软岩石	250~350	1.8~2.0

表 4.5　　　　　国内工程实测 K 值、α 值参考表

编号	地 质 简 况	K	α
Ⅰ 露天深孔齐爆			
10	石灰岩抛掷前方	130	1.8
	石灰岩抛掷后方	340	1.8
11	石英闪长岩	136	1.6
12	透辉石矽卡岩	279	1.6
13	混合岩	126	1.67
Ⅱ 露天深孔毫秒延期爆破			
14	石英角斑岩	100	1.61
15	石英闪长岩	153	1.6
16	花岗岩、混合岩	374	1.8
17	混合片麻岩	120	1.43
18	大理岩（直孔）	273.8	1.6
	大理岩（斜孔）	107	1.5
19	闪长岩（直孔）	20	0.7
	闪长岩（斜孔）	50	1.0
Ⅲ 台阶爆破（几个项目综合）		302	1.7
Ⅳ 掘沟爆破（几个项目综合）		443	1.74

在高寒地区节理发育、硬岩水电站坝料爆破直采条件下，考虑最危险情况，取安全允许振速。根据爆区周围地形、地质，取 K 值、α 值。经计算，求得爆区允许齐发最大药量。

4.5.2.4　最大振幅、周期

抗震安全控制指标首先需要考虑爆破振动强度的影响。爆破地震波的振幅在一个完整的波形图中是不相同，它随时间而变化。由于主震相的振幅大，作用时间长。因此，主震相中的最大振幅是表征地震波的主要参数。通过调整药量、孔排距、起爆方式及微差起爆延期时间等爆破参数可以在一定范围内达到改变爆破振动强度的目的。实践中，降低振幅主要控制参数为微差起爆延时时间：在不考虑延时误差的影响条件下，若每两个炮孔间延时均为 d，那么毫秒爆破的振动频谱每间隔 $1/d$ 频率均有一个明显的突峰，通过改变延时间隔，通过波的干涉，可以改变爆破振动的振幅。

岩体位移响应函数都包含岩体的自振频率和爆破地震波的频率因子。爆破振动频率对岩体的影响体现在岩体的瞬间位移，使用下式进行计算：

$$A=\frac{v}{2\pi f}$$

式中：A 为爆破振动对岩体造成的瞬间位移，cm；v 为峰值质点振动速度，cm/s；f 为爆破振动频率，Hz。

一般用最大振幅 A 所对应的一个波的周期 T_0 作为地震波的参数，频率为其倒数 $f_0=1/T_0$。由于地震波明显的瞬态振动特征，为一频域较宽的随机信号，用频谱分析方法得出频谱可描述其频率特征。随爆心距离增加，振动强度与频率都逐渐降低，地震波的衰减系数与频率成正比。根据实测不同药量与距离时振动加速度时程曲线所进行的频谱分析得到如下经验统计关系：

$$f=\frac{1}{T}=5000\times e^{\frac{-0.4R}{Q^{0.33}}}$$

式中：R 为距离，m；Q 为炸药量，kg。

经验公式的适用的范围是受到局限，因此在进行工程实践时需要针对不同的地质地貌、爆破方式以及装药结构等对参数进行修

正，以此保证公式的可靠性。

4.5.3　频谱分析

随着信号分析技术的发展，爆破振动信号分析方法大致分为三种：傅里叶分析、小波分析、HHT 分析。

现今振动测试仪配套软件中都已带有 FFT 分析工具软件，基于频谱分析 FFT 原理，利用 Matlab 软件中的频谱分析功能，绘出振动信号的傅里叶频谱图和功率谱图。

研究表明，爆破地震波具有以下频谱特征：

（1）爆破地震波频率谱具有广谱性，即频谱图上有多个峰值。振动频率具有广谱性且为不规则频率，由于波的干涉作用改变波的频率组成。单孔爆破地震波水平方向振动频率低于垂直方向振动频率。但其振动速度大于垂直方向振动速度，作为安全标准考虑，速度应取水平向振动参数，频率应取垂直向数据。

（2）爆破地震波传播过程中频谱变化特性。爆破地震波传播过程中要产生能量衰减，不同频率的能量衰减不同，高频成分的能量衰减快于低频。小规模台阶微差爆破的振动以高频成分占主要优势，其主频范围 20～35Hz，而较大规模的高台阶深孔微差爆破的振动，则以低频成分为主，主频率 0～20Hz。由此看出，对于相同的爆破类型，爆炸能量的大小对主频率的分布有很大影响。

（3）爆破地震波的主频比较稳定。爆破地震波含有各种频率成分，而且各种波的含量差别很大，但在一定地质条件下，主频率比较稳定，不同爆破在相同距离所测得的主频率基本相同。

（4）当药量较大时，炸药爆炸反应的历时较长，爆轰气体膨胀做功能量较大，药室内正、负压作用时间均延长，使爆源激发的地震波频率较低，同等距离测点的爆破地震主频率较低，主频域处于较低的频率范围。

（5）深度对爆破地震频率特性的影响较大，随着深度的增加，期望周期减小，高频度的振幅相应增加，但深度对频率特性的影响随着距离的增加将越来越不显著。

4.5.3.1　傅里叶变换

傅里叶变换可将爆破振动信号由时域转换为频域，以分析频率

相关的信息。函数 $a(t)$ 在 R^2 上的连续傅里叶变换定义为

$$A(\omega) = \int_{-\infty}^{\infty} a(t) e^{-j\omega t} dt$$

爆破振动信号为离散信号，需要对等时间间隔的信号进行积分以获得离散傅里叶变换（DFT）：

$$X(k) = \sum_{n=0}^{N-1} x(n) e^{-jnk\frac{2\pi}{N}} \quad (k = 0, 1, \cdots, N-1)$$

逆变换公式：

$$x(n) = \frac{1}{N} \sum_{k=0}^{N-1} X(k) e^{jnk\frac{2\pi}{N}} \quad (n = 0, 1, \cdots, N-1)$$

FFT 是利用计算机将 DFT 快速实现的方法，将振动信号分解成若干频率正弦波的叠加。

4.5.3.2 谱密度分析

爆破振动信号有很大的随机性，不适合作幅值谱、相位谱及离散谱分析，往往只做功率谱分析。功率谱密度函数可定义为

$$S_x(f) = \int_{-\infty}^{\infty} R_x(\tau) e^{-i2\pi ft} d\tau$$

功率谱密度函数在实际工程中用单边功率谱表示，即

$$G_x(f) = 2\int_0^{\infty} R_x(\tau) e^{-i2\pi ft} d\tau$$

4.5.3.3 频谱分析

爆破振动信号属于非平稳动态信号。通过动态信号的频谱分析，可以获得动态信号中各个频率成分的幅值分布和能量分布范围以及动态信号的主频带宽度。频谱分析中的重要工具是傅里叶变换，经过傅里叶变换，把原时间域内包含的信息变换到频率域内进行分析，可以辨别出组成任意波形的一些不同频率的正弦波和它们各自的振幅。

利用傅里叶变换对采集的爆破振动信号进行频谱分析时，在 Matlab 中编制相应的信号处理和分析程序，得到该爆破振动实测信

号的频谱图和功率谱密度图。

基于 Matlab 的 FFT 设计流程图如图 4.4 所示。

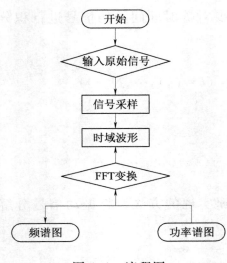

图 4.4　流程图

其频谱分析结果如图 4.5 所示。

观察图 4.5 在垂直、水平、径向的频率是不相同的，则说明，爆破的主频有很多种，质点振动速度峰值对应的频率即为主动频率，当爆破地震波的频率等于或者接近岩体的自振频率时，会因共振而导致振动成倍加强，进而可能使结构局部或部分开裂破坏或失稳。主动频率与垂直振动频率较为吻合，是引起岩体动力响应的主要因素。

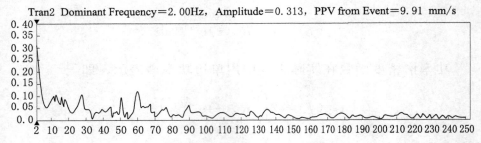

图 4.5　爆破振动频谱示意图

第 5 章

高寒地区节理发育、硬岩水电站坝料
爆破直采应力波传播规律实验研究

5.1 岩石内爆炸应力波的传播特性

5.1.1 岩石在爆炸冲击载荷作用下的变形规律

岩石在爆炸冲击荷载作用下的变形规律如图 5.1 所示，对应不同的应力幅值，所形成的应力波特性不同，图 5.1 为岩石内爆炸应力波的演变。图中 0－A 为弹性区，A 为屈服点，A－B 为弹塑性变形区，B 点以后岩石进入类似流体的状态。

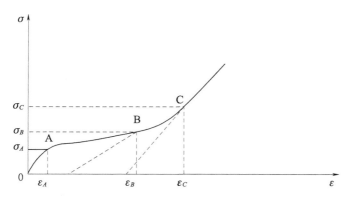

图 5.1 爆炸冲击载荷作用下岩石的变形规律

冲击波、应力波和地震波具有不同的应力幅值和加载速率，因而具有不同的衰减速率和作用范围。装药在岩体中爆炸时，若作用在岩体上的冲击荷载超过 C 点应力（称为临界应力），首先形成的则是冲击波，尔后衰减为非稳态冲击波，弹塑性波，弹性应力波和爆炸地震波，如图 5.2 所示。综合当前的研究成果，冲击波、应力波和地震波等的传播过程中呈指数规律衰减，但衰减指数不同，冲击波衰减指数最大，应力波衰减指数次之，地震波衰减指数最小。

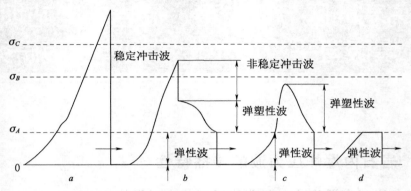

图 5.2　不同应力幅值时岩体中传播的爆炸应力波

5.1.2　岩体内的爆炸应力场

当爆炸波在岩石中传播时，不仅岩石介质内各点的应力不同，而且各点的应力也随时间发展而变化，也就是说，岩石内产生的应力，不仅是空间坐标的函数，而且同时也是时间的函数。这种岩石内应力分布随时间的变化而变化的应力场，称为动态应力场。依据第 5.1.1 节的分区，爆炸荷载作用下岩体内的动态应力场可分为冲击波场、应力波场和地震波场。综合目前的研究成果，爆炸冲击波的作用范围一般在距爆源中心 $(3\sim7)r_c$（r_c 为装药半径）范围内，爆炸应力波场的作用范围一般在距爆源中心 120～150 倍装药半径范围内，爆炸地震波场的作用范围则一般在距爆源中心 $150r_c$ 范围外，如图 5.3 所示。

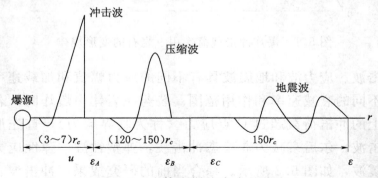

图 5.3　岩体中爆炸应力的演变

冲击波通过时，岩石类似于流体，波头上状态参数将发生突越变化。设岩石初始状态参数为 P_0、V_0、E_0、$u_0=0$，冲击波波速为 D，波头上岩石状态参数突变为 P、V、E、u（P、V、E、u）分别对应岩石介质的（压力、体积、能量和质点速度），这些参数之间的关系应满足冲击波基本方程，即

$$\frac{D}{D-u}=\frac{V_0}{V}$$

$$\frac{Du}{V_0}=P-P_0$$

$$E-E_0=\frac{1}{2}(P+P_0)(V_0-V)$$

一般通过试验给出岩石的 RH 方程的经验式。最常采用的 RH 方程为

$$p=\frac{1}{4}\rho_m C_p^2\left[\left(\frac{\rho}{\rho_m}\right)^4-1\right]$$

RH 方程另一较常用的形式为

$$D=a+bu$$

式中：a、b 为试验确定的常数，某些岩石的 a 值、b 值见表5.1。

表5.1　　　　　某些岩石的 a 值、b 值

岩石名称	密度 /(kg/m³)	a /(m/s)	b /(m/s)	岩石名称	密度 /(kg/m³)	a /(m/s)	b /(m/s)
花岗岩	2630	2100	1.63	大理岩	2700	4000	1.32
	2670	3600	1.0	石灰岩	2600	3500	1.43
玄武岩	2670	2600	1.6		2500	3400	1.27
闪长岩	2980	3500	1.32	泥质细砂岩		520	1.78
钙钠斜长岩	2750	3000	1.47	页岩	2000	3600	1.34
纯橄榄岩	3300	6300	0.65	岩盐	2160	3500	1.33
橄榄岩	3000	5000	1.44				

在前面公式中，有四个未知数：P、V、D、u。因此，只要知道其中一个初始参数值（炸药与岩石交界面上的参数值）及其随距

离的变化，就能求得其他各参数值。

冲击波在岩体内的衰减规律目前通用的是按指数规律衰减的公式：

$$P = P_b \bar{r}^{-a}$$

式中：P_b 为炮孔壁初始冲击压力；$\bar{r}$ 为对比距离，$\bar{r} = \dfrac{r}{r_0}$，r 为距炮眼中心距离，r_0 为炮眼半径；a 为衰减指数，对冲击波 $a \approx 3$。

冲击波作业区介质呈流体特性，三个方向的应力相等，故

$$\sigma_r = \sigma_\theta = \sigma_z = P = P_b \bar{r}^{-a}$$

5.2　弹性介质中爆破应力波理论衰减方程

应力波理论首先是从弹性波基础上发展起来的，这里研究药包在完全弹性介质中爆破时产生的应力波衰减规律。柱状药包或称条形药包在完全弹性介质中同时爆轰时激起的应力波在径向近似柱面波，因此将柱状药包产生的径向应力波当作柱面波进行研究。

5.2.1　柱面波的运动方程

爆破应力波在传播的过程中，波阵面应符合质量守恒和动量守恒条件。

对于波阵面是同轴圆柱面的柱面波，由于介质运动的轴对称性，在柱坐标 r、θ、z 中，只有径向位移 $u(r,t)$ 为非零位移，而且各状态参量都只是 r 和 t 的函数，而与 z 无关，于是有

$$\begin{cases} \varepsilon_r = \dfrac{\partial u}{\partial r}, v = \dfrac{\partial u}{\partial t} \\[2mm] \varepsilon_\theta = \dfrac{u}{r}, \varepsilon_z = 0 \\[2mm] \sigma_r = \sigma_r(r,t), \sigma_\theta = \sigma_\theta(r,t), \sigma_z = \sigma_z(r,t) \end{cases}$$

式中：σ_r、σ_θ、σ_z 分别为沿 r、θ、z 方向的应力；ε_r、ε_θ、ε_z 分别为 r、θ、z 方向的应变。

由动量守恒条件获得柱面波的径向运动方程为

$$\frac{\partial \sigma_r}{\partial r} + \frac{(\sigma_r - \sigma_\theta)}{r} = \rho_0 \frac{\partial v}{\partial t}$$

根据质量守恒条件，位移 u 必是 r 和 t 的单值连续函数，ε_r、ε_θ 和径向质点速度 v 必满足以下条件：

$$\frac{\partial \varepsilon_r}{\partial t} = \frac{\partial v}{\partial r}$$

$$\frac{\partial \varepsilon_\theta}{\partial t} = \frac{v}{r}$$

5.2.2　径向应力衰减方程

已经获得应力波传播所有控制方程，从理论上，可以获得应力传播过程中有关参数的计算公式。

利用边界条件 $\sigma_r = P$，可得柱状药包径向应力波的衰减规律：

$$\sigma_r = -\frac{P_0}{\bar{r}}$$

其中　　　　　　　　　　　　$$\bar{r} = \frac{r}{r_0}$$

式中：σ_r 为距球形药包 r 处的径向应力；P_0 为岩石与炸药界面处的压力；$\bar{r}$ 为相对距离；r 为与爆源距离；r_0 为装药半径。

5.2.3　应力与应变的关系

电阻应变片测试测出的只是试件上某测点处的应变，其应力还必须经过换算才能得到。不同的应力状态有不同的换算关系。

5.2.3.1　单向应力状态

当测点处于单向应力状态，应变片沿主应变方向粘贴，测得的主应变为 ε，则该点的主应力 σ 为

$$\sigma = E\varepsilon$$

式中：E 为被测试件材料的弹性模量。

5.2.3.2　已知主应力方向的二向应力状态

这种情况下可沿两个主应力方向粘贴两个相互垂直的应变片。设测点的两个主应变为 ε_1 和 ε_2，那么该点的主应力 σ_1、σ_2 分别为

$$\left.\begin{array}{l}\sigma_1=\dfrac{E}{1-\mu^2}(\varepsilon_1+\mu\varepsilon_2)\\[3mm]\sigma_2=\dfrac{E}{1-\mu^2}(\varepsilon_1+\mu\varepsilon_2)\end{array}\right\}$$

式中：μ 为被测试件材料的泊松比。

5.2.3.3 未知主应力方向的二向应力状态

由于主应力方向未知，必须在测点处粘贴三个不同方向的应变片（即应变花），分别测出这点三个方向的应变后才能算出主应力。常用的应变花有两种，如图 5.4 所示。

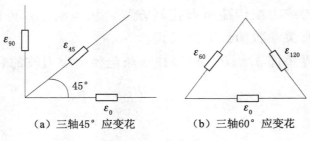

（a）三轴45°应变花　　　　　　（b）三轴60°应变花

图 5.4　应变花

（1）三轴 45°应变花用于主应力方向大致知道，但不能完全肯定的情况。若三个方向的应变分别为 ε_0、ε_{45}、ε_{90}，则测点的主应力大小和方向分别为

$$\frac{\sigma_1}{\sigma_2}=\frac{E}{2}\left[\frac{\varepsilon_0+\varepsilon_{90}}{1-\mu}\pm\frac{\sqrt{2}}{1+\mu}\sqrt{(\varepsilon_0-\varepsilon_{45})^2+(\varepsilon_{45}-\varepsilon_{90})^2}\right]$$

$$\tan(2\alpha)=\frac{2\varepsilon_{45}-\varepsilon_0-\varepsilon_{90}}{\varepsilon_0-\varepsilon_{90}}$$

式中：α 为 σ_1 方向与 ε_0 方向的夹角，逆时针转向为正。

（2）三轴 60°应变花常用于主应力方向无法估计的情况。设三个方向的应变为 ε_0、ε_{60}、ε_{120}，那么测点的主应力大小及方向为

$$\frac{\sigma_1}{\sigma_2}=\frac{E}{3}\left[\frac{\varepsilon_0+\varepsilon_{60}+\varepsilon_{120}}{1-\mu}\pm\frac{\sqrt{2}}{1+\mu}\sqrt{(\varepsilon_0-\varepsilon_{60})^2+(\varepsilon_{60}-\varepsilon_{120})^2+(\varepsilon_{120}-\varepsilon_0)^2}\right]$$

$$\tan(2\alpha) = \frac{\sqrt{3}(\varepsilon_{60} - \varepsilon_{120})}{2\varepsilon_0 - \varepsilon_{60} - \varepsilon_{120}}$$

此外，还有其他形式应变花，如四轴应变花。

5.3 测试系统

5.3.1 应变片的选择

应变片的选取按下式计算：

$$L = \left(\frac{1}{10} \sim \frac{1}{20}\right)\lambda$$

式中：λ 为波长；L 为应变片栅长长度。

对于压缩波，应变片粘贴方向需与传播方向一致，测试的应变片为该长度范围内的平均应变。因此，应变片太长将使波前变缓，削减波峰，导致测试失真。根据 W. L. Foruney 等人用高速摄影和激光全息照相获得应力波波形，当波峰达 $150\mu\varepsilon$ 时，波前上升时间约为 $8\mu s$。根据相似原理，在应变达到 $1000 \sim 10000\mu\varepsilon$ 时，相应的波前上升时间为 $80 \sim 800\mu s$。因而径向应变片的栅长 L 应不大于 $1/10$ 波长，即

$$L \leqslant \frac{1}{10} \times 4155.12 \times 80 = 33.24(\text{mm})$$

对于切向拉伸应变片，长度也不大于 33.24mm。因此，应变片选择了浙江黄岩测试仪器厂生产的 BX120 - 1AA 型，长 5mm、宽 4mm、栅长 1mm、栅宽 1mm，如图 5.5 所示。

5.3.2 爆炸冲击加载触发

测试系统采用内触发方式，采样速度为 $0.1\text{byte}/\mu s$。

现场一般采取试验炮孔直径为 42mm，孔深为 500mm，每次试验共计 5 个孔、1 个爆孔、4 个测量孔，孔间隔均为 500mm。

炸药使用粉状乳化炸药连

图 5.5 试验应变片

51

续装药，初始装药密度 750kg/m³，爆轰速度 3400m/s，药卷直径 32mm，长度 200mm，重量 150g/卷，试验炮孔内装药量 150g。

5.3.3 信号捕捉

以环氧树脂砂浆材料做基体，A 级电阻应变片做敏感元件的应变砖式传感器承担信号捕捉。

图 5.6 试验电阻应变片

传感器的敏感元件为 A 级 5mm×3mm 电阻应变片，基体材料环氧树脂砂浆，基体的波阻抗和刚度与模型的波阻抗和刚度基本匹配，试验电阻应变片如图 5.6 所示。

按照图 5.7 中位置（距离药包 50mm）埋置传感器基本能消除端部反射应力波对测试结果的影响。

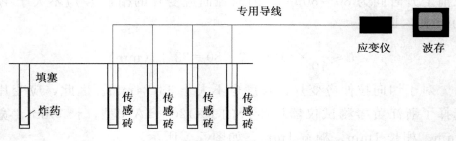

图 5.7 爆炸应力波测试系统示意图

图 5.8、图 5.9 为爆炸应力波测试系统超动态应变仪和高速波存。

5.3.4 测定数据

试验测定数据如图 5.10 所示。

测试系统记录到爆炸应力波比较完整的波形。药包爆炸后，传感器要先后捕捉到两段不连续的，具有不同特征的波形信号。其中第一段信号由完整的压缩相和拉伸相组成，第二段信号只有压缩相，具备冲击信号的一些基本特征。

图 5.8　应变仪

图 5.9　试验现场波存和应变仪

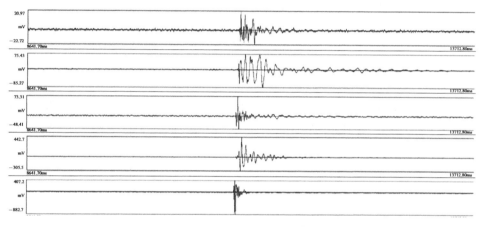

图 5.10　爆炸应力波波形示意图

　　根据系统的标定参数、动态弹性模量以及传感器与应力波波阵面之间的夹角,将原始波形信号转变为测点处的应力波图形。

5.4　超声波试验研究

5.4.1　试验方法

　　声波是物质运动的一种形式,它是由物质的机械振动产生的,通过物质质点之间的相互作用而由近及远的传递而传播的。目前测试岩石弹性波速的方法主要有实验室岩样测试法和现场炮孔测试法。

5.4.1.1　实验室岩样测试法

实验室岩样测试法测量弹性波速的基本原理是测量岩样的长度 l 和超声波穿过岩样所用的时间 t，用实验样品长度除以时间得到超声波通过岩样的弹性波速度，如图 5.11 所示。

实验室可测量得到超声波在样品中的总的走时、样品的长度，岩石的波速可表示为

$$v = l / t$$

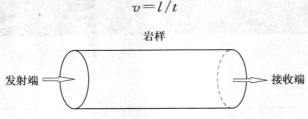

图 5.11　实验室岩样测试法示意图

5.4.1.2　现场炮孔测试法

现场炮孔测试法测量弹性波速的基本原理是测量钻孔的孔间距 a 和超声波穿过炮孔间所用的时间 t，用实验样品长度除以时间得到超声波通过岩样的弹性波速度，如图 5.12 所示。

现场可测量得到超声波在炮孔间的总的走时、孔间距的长度，岩石的波速可表示为

$$v = a / t$$

式中：a 为孔间距，m。

5.4.2　波速和岩石弹性模量之间的关系

岩石弹性是一种与岩石的内部结构有关的基本物理性质，弹性可以用一些参数来描述：

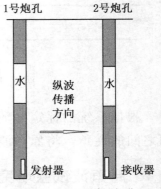

图 5.12　现场炮孔测试法示意图

（1）纵波传播速度：定义为在固体、液体、气体中由于涨-缩变形而产生的弹性波传播速度。

（2）杨氏模量（纵向弹性模量）：指法向应力与沿应力作用方向引起的伸长量之比。

（3）泊松比（横向压缩系数）：指弹性体受单轴拉伸应力作用时，弹性体横向压缩应变与纵向伸长应变的比值。

假设 u、v、w 是质点在 X、Y、Z 方向的位移，于是按位移表示的运动方程是：

X 方向：

$$\rho \frac{\partial^2 u}{\partial^2 t} = \left(B + \frac{G}{3}\right)\frac{\partial \Delta}{\partial x} + G\ \nabla^2 u + \rho X$$

Y 方向：

$$\rho \frac{\partial^2 u}{\partial^2 t} = \left(B + \frac{G}{3}\right)\frac{\partial \Delta}{\partial y} + G\ \nabla^2 u + \rho Y$$

Z 方向：

$$\rho \frac{\partial^2 u}{\partial^2 t} = \left(B + \frac{G}{3}\right)\frac{\partial \Delta}{\partial z} + G\ \nabla^2 u + \rho Z$$

式中：

$$\Delta = \frac{\partial u}{\partial x} + \frac{\partial v}{\partial y} + \frac{\partial w}{\partial z}$$

$$\nabla^2 = \frac{\partial^2}{\partial x^2} + \frac{\partial^2}{\partial y^2} + \frac{\partial^2}{\partial z^2}$$

上述微分方程对 X、Y、Z 求偏导再求和得到

$$\frac{\partial^2 \Delta}{\partial t^2} = \left(\frac{B + \frac{4}{3G}}{\rho}\right)\Delta\ \nabla^2 + \left(\frac{\partial X}{\partial x} + \frac{\partial Y}{\partial y} + \frac{\partial Z}{\partial z}\right)$$

根据此方程，压缩波通过弹性体传播具有速度：

$$v_p = \left(\frac{B + \frac{4}{3G}}{\rho}\right)^{\frac{1}{2}}$$

上述方程表明物体内弹性波的速度是其密度和弹性的函数，压缩波、横波也可以表示为如下形式：

$$v_p = \left[\frac{E(1-v)}{\rho(1+v)(1-2v)}\right]^{\frac{1}{2}} = \left(\frac{K + \frac{4\mu}{3}}{\rho}\right)^{\frac{1}{2}}$$

$$v_s = \left[\frac{E}{2\rho(1+v)}\right]^{\frac{1}{2}} = \left(\frac{\mu}{\rho}\right)^{\frac{1}{2}}$$

由以上关系式可以导出：

（1）杨氏模量：

$$E = 2G(1+\mu) = 2\rho(1+\mu)v_s^2 = \frac{9K\rho v_s^2}{3K+\rho v_s^2}$$

（2）泊松比：

$$\mu = \frac{\left(\dfrac{v_p}{v_s}\right)^2 - 2}{\left(\dfrac{v_p}{v_s}\right)^2 - 1}$$

第6章

复杂环境条件下的料场
爆破漏斗实验研究

实际爆破工程中，往往是将药包埋置在自由面附近一定深度内实施的，爆破的外部作用乃是爆破破岩的主要形式，爆破漏斗成为岩石爆破理论中的基本研究对象。

6.1 基本理论

6.1.1 爆破漏斗的形成过程

设一球形药包，埋置在平整地表面下一定深度的坚固均质岩石中爆破。如果埋深相同、药量不同，或者药量相同、埋深不同，爆炸后则可能产生压碎区、破裂区，或者还产生片落区以及爆破漏斗。图 6.1 是药量和埋深一定情况下爆破漏斗形成的过程。

（a）炸药爆炸形成的应力场

（b）粉碎压缩区

（c）破裂区（径向裂缝和环向裂缝）

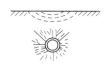

（d）破裂区和片落区
（自由面处）

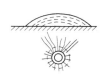

（e）地表隆起、位移

（f）形成漏斗

图 6.1　爆破漏斗形成示意图

爆破漏斗是受应力波和爆生气体共同作用的结果，其一般过程如下：

在均质坚固的岩体内，当有足够的炸药能量，且炸药与岩体可爆性相匹配时，在相应的最小抵抗线等爆破条件下，炸药爆炸产生两三千摄氏度以上的高温和几万兆帕的高压，形成每秒几千米速度的冲击波和应力场，瞬间作用在药包周围的岩壁上，使药包附近的岩石或被挤压，或被击碎成粉粒，形成了压碎区（近区）。此后冲击波衰减为压应力波，继续在岩体内自爆源向四周传播，使岩石质点产生径向位移，构成径向压应力和切向拉应力的应力场。由于岩石抗拉强度仅是抗压强度的 3%～30%，当切向应力大于岩石的抗拉强度时，该处岩石被拉断，形成与粉碎区贯通的径向裂隙。高压爆生气体膨胀的气楔作用助长了径向裂隙的扩展。由于能量的消耗，爆生气体继续膨胀，但压力迅速下降。当爆源的压力下降到一定程度时，原先在药包周围岩石被压缩过程中积蓄的弹性变形能释放出来，并转变为卸载波，形成朝向爆源的径向拉应力。当此拉应力大于岩石的抗拉强度时，岩石被拉断，形成环向裂隙。在径向裂隙与环向裂隙出现的同时，由于径向应力和切向应力共同作用的结果，又形成剪切裂隙。纵横交错的裂隙，将岩石切割、破碎，构成了破裂区（中区）。当应力波向外传播到达自由面时产生反射拉伸应力波。该拉应力大于岩石的抗拉强度时，地表面的岩石被拉断形成片落区。在径向裂隙的控制下，破裂区可能一直扩展到地表面，或者破裂区和片落区相连接形成连续性破坏。与此同时，大量的爆生气体继续膨胀，将最小抵抗线方向的岩石表面鼓起、破碎、抛掷，最终形成倒锥形的凹坑，此凹坑即称为爆破漏斗。

6.1.2　爆破漏斗的几何参数

设一球状药包在单自由面条件下爆破形成爆破漏斗的几何尺寸，其中最主要的几何参数（或几何要素）有三个，它们是：

（1）最小抵抗线 W。装药中心到自由面的垂直距离，即药包的埋置深度，也就是倒圆锥的高度。

（2）爆破漏斗半径 r。爆破漏斗底圆中心到该圆边上任意点的距离，即漏斗倒圆锥底圆半径。

（3）爆破作用半径 R。药包中心到爆破漏斗底圆边缘上任意一点距离，即倒圆锥顶至底圆的长度。

在爆破工程中，经常应用爆破作用指数 n，它是爆破漏斗半径 r 与最小抵抗线 W 的比值，即 $n = \dfrac{r}{W}$，而爆破作用半径也可表示成 $R = \sqrt{1 + n^2}\,W$。

最小抵抗线方向是岩石爆破阻力最小的方向，也是爆破作用和破碎后岩块运动、抛掷的主导方向。当装药量一定时，从临界抵抗线开始，随着最小抵抗线的减少（或最小抵抗线一定，增加装药量），爆破漏斗半径增大，被破碎的岩石碎块一部分被抛出爆破漏斗外形成爆堆，另一部分被抛出后又回落到爆破漏斗坑内。回落后爆破漏斗坑的最大可见深度 H 称为爆破漏斗可见深度，其值可用下式估算：

$$H = CW(2n - 1)$$

式中：C 为爆破介质影响系数。对于岩石，取 $C = 0.33$；对于黏土，取 $C = 0.45$。

6.1.3　爆破漏斗的基本形式

根据爆破作用指数 n 值的大小，爆破漏斗有如下四种基本形式：

（1）标准抛掷爆破漏斗 ［见图 6.2（c）］。$r = W$，即爆破作用指数 $n = 1$，此时漏斗展开角 $\theta = 90°$，形成标准抛掷漏斗。在确定不同种类岩石的单位炸药消耗量时，或者确定和比较不同炸药的爆炸性能时，往往用标准爆破漏斗的容积作为检查的依据。

（2）加强抛掷爆破漏斗 ［见图 6.2（d）］。$r > W$，即爆破作用指数 $n > 1$，漏斗展开角 $\theta > 90°$。当 $n > 3$ 时，爆破漏斗的有效破坏范围并不随炸药量的增加而明显增大。实际上，这时炸药的能量主要消耗在岩块的抛掷上，$n > 3$ 已无实际意义。因此，爆破工程中加强抛掷爆破漏斗的作用指数为 $1 < n < 3$。这是露天抛掷大爆破或定向抛掷爆破常用的形式。根据爆破具体要求，一般情况下，$n = 1.2 \sim 2.5$。

（3）减弱抛掷爆破（加强松动）漏斗 ［见图 6.2（b）］。$r < W$，

即爆破作用指数 $n<l$，但大于 0.75，即 $0.75<n<1$，成为减弱抛掷漏斗（又称加强松动漏斗），它是井巷掘进常用的爆破漏斗形式。

（4）松动爆破漏斗［见图 6.2 （a）］。爆破漏斗内的岩石被破坏、松动，但并不抛出坑外，不形成可见的爆破漏斗坑。此时 $n \approx$ 0.75。它是控制爆破常用的形式。当 $n<0.75$ 时，不形成从药包中心到地表面的连续破坏，即不形成爆破漏斗。

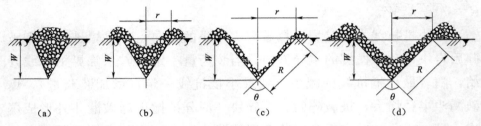

图 6.2　爆破漏斗四种基本形式

6.1.4　柱状装药的爆破漏斗

球状装药属集中装药。当装药长度大于装药直径的 6 倍时，称为条形装药或延长装药，柱状装药就是延长装药。一般炮孔装药都属于柱状装药。

6.1.4.1　柱状装药垂直于自由面

柱状装药垂直于自由面时，由于炸药爆炸对岩石的施压方向和冲击波的传播方向与球状装药不同，爆破时受到岩石的夹制作用较强，形成爆破漏斗要困难些，但一般仍能形成倒圆锥形的漏斗。为分析此种装药条件下爆破漏斗的形成，可把柱状装药看作是若干个小的球状集中药包。如图 6.3 所示，最接近眼口的几段，由于抵抗线小，具有加强抛掷的作用；接近眼底的几段，由于抵抗线大，可能只有松动作用；炮眼最底部的几段甚至不能形成爆破漏斗。总的漏斗坑形状就是这些漏斗的外部轮廓线，大致是喇叭形。眼底破坏少，爆后留有残孔。

6.1.4.2　柱状装药平行于自由面

装药平行于自由面时，通常存在两个自由面，应力波在两个自由面上都能产生反射，也都能产生从自由面向药包中心的拉断破坏，因此爆破效果要比垂直自由面时好得多，如图 6.3、图 6.4 所示，图中的 L_0 为炮孔深度。

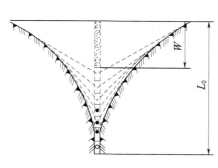

图 6.3　装药垂直自由面的
爆破漏斗

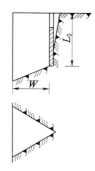

图 6.4　装药平行自由面的
爆破漏斗

6.1.4.3　柱状装药松动爆破漏斗抵抗线

松动爆破漏斗体积为

$$V_L = r_L W L_b = n_L W^2 L_b$$

最小抵抗线 W 与临界抵抗线 W_c（此时临界抵抗线等于松动爆破作用半径）的关系为下式所示：

$$W = \frac{W_c}{\sqrt{1 + n_L^2}}$$

$$V_L = W_c^2 L_b \frac{n_L}{1 + n_L^2}$$

上式表明，当装药一定时（即 W_c、L_b 一定），柱状装药形成松动漏斗的体积 V_L 是松动爆破作用指数 n_L 的函数，运用数学函数求极值的方法求得松动漏斗体积最大时的松动爆破作用指数为 $n_L = 1$。将其代入上式可求得松动漏斗体积最大时的装药最优抵抗线为

$$W_0 = \frac{\sqrt{2}}{2} W_c \approx 0.7 W_c$$

6.1.5　多个装药同时爆破时的爆破漏斗

6.1.5.1　两个相邻装药同时爆破时中心连线上的受力特点

当两个相邻装药同时爆炸时，在中心连线上受到的应力将叠加

而增大，岩石容易沿中心连线被切断。

（1）准静应力场的叠加。当爆生气体较长时间保持在炮孔中时，膨胀压力使两炮孔连线上各点产生切向拉应力，如 6.5 所示。由于炮孔的应力集中，产生的拉应力最大处在炮孔壁与连线相交点，因此裂缝首先产生在炮孔壁，然后向炮孔连线上发展，使岩石沿两炮孔中心连线断裂。

图 6.5　相邻炮孔同时爆破时中心连线上拉应力集中区分布示意图

中心连线中点的外部则由于应力叠加产生抵消作用，形成应力降低区，从而增大了爆破块度，如图 6.6 所示。

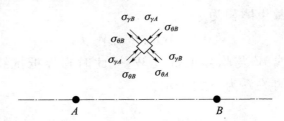

图 6.6　相邻炮孔同时爆破时应力降低区示意图

（2）应力波的叠加情形。如果按应力波叠加来考虑，那么当两孔的爆炸压缩应力波在炮孔连线中点相遇时，在连线方向的压应力叠加，而其切向的拉应力也将叠加，沿连线产生裂隙，如图 6.7 所示。

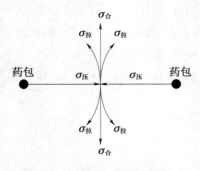

图 6.7　相邻炮孔同时爆破时
压应力叠加示意图

当压缩应力波遇自由面反射后，反射拉伸波的叠加，也将使两装药连线上的拉应力增大，使得两装药连线处容易被拉断。如图 6.8 所示的条件，若横波波速与纵波波速之比为 0.6 时，则 A 点叠加后的拉应力值将是单一装药爆炸时反射拉伸波拉应力值的 1.88 倍，图中 B 和 C 分别为两相邻装药。

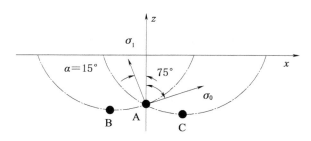

图 6.8　相邻炮孔同时爆破时反射拉伸波叠加示意图

从模拟爆破实验的高速摄影观测可以清楚地看到相邻炮孔沿中心连线断裂刚情况，通常都是裂损从两炮孔处开始，向连线中间发展。

6.1.5.2　相邻装药的装药密集系数对爆破漏斗的影响

相邻两装药的间距 a 与最小抵抗线 W 的比值称为装药密集系数 m，$m = \dfrac{A}{W}$。

从实践经验中得出（见图 6.9）：

当 $m > 2$ 时（即 $a > 2W$），炮眼间距 a 过大，两装药孔各自形成单独的爆破漏斗。

当 $m = 2$ 时，两装药孔各自形成的爆破漏斗刚好相连（假设为标准漏斗）。

当 $1 < m < 2$ 时，两装药孔合成一个爆破漏斗，但往往两装药孔之间底部破碎不够充分。

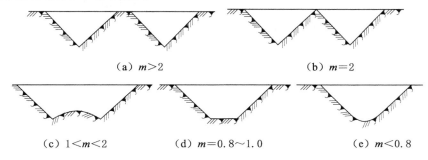

（a）$m > 2$　　　　　　　　（b）$m = 2$

（c）$1 < m < 2$　　　（d）$m = 0.8 \sim 1.0$　　　（e）$m < 0.8$

图 6.9　装药密集系数 m 对爆破漏斗形成的影响示意图

当 $m=0.8\sim1.0$ 时，两装药孔爆破后合成一个爆破漏斗，底部平坦，此时漏斗体积最大。

当 $m<0.8$ 时，两装药孔距离过近，大部分能量用于抛掷岩石，漏斗体积反而减小。

6.2　利文斯顿爆破漏斗理论

6.2.1　利文斯顿爆破漏斗理论的实质

利文斯顿在各种岩石、不同炸药量、不同埋深的爆破漏斗试验的基础上，论证了炸药爆炸能量分配给药包周围岩石以及地表外空气的几种方式，提出以能量平衡为准则的岩石爆破破碎的爆破漏斗理论。所以，爆破漏斗理论又称能量平衡理论。

利文斯顿认为，炸药在岩体内爆破时，传递给岩石爆破能量的多少和速度的快慢，取决于岩石性质、炸药性能、药包重量、炸药埋置深度、位置和起爆方式等因素。当岩石条件一定时，爆破能量的多少取决于炸药重量，爆炸能量的释放速度与炸药起爆的速度密切相关。炸药能量释放后，主要消耗在以下四个方面：①岩石的弹性变形；②岩石的破碎和破裂；③岩石的抛掷；④空气冲击波和对气体做功。而炸药能量在以上四个方面的分配比例，又取决于炸药的埋置深度。

当埋置深度 W 比较大时，炸药的能量被岩石完全吸收，消耗于岩石的弹性变形和破碎二项；若减小埋置深度 W，岩石此两项所吸收的能量将达到饱和状态，这时岩体地面开始隆起，其至破裂的岩石被抛掷出去。岩石中弹性变形能和破碎能达到饱和状态时的埋置深度称为临界深度 L_c，此时炸药量与埋置深度有如下关系：

$$L_c = E_b Q^{\frac{1}{3}}$$

式中：Q 为装药量，kg；E_b 为变形能系数，$m/kg^{\frac{1}{3}}$；L_c 为临界埋置深度，m。

利文斯顿从能量的观点出发，阐明了岩石变形能系数 E_b 的物理意义。他认为，在一定炸药量的条件下，地表岩石开始破裂时，岩石可能吸收的最大能量即为 E_b。超过其能量限度，岩石将由弹性变形变为破裂，因此 E_b 的大小是衡量岩石可爆性难易的一个指标。

若继续减小埋置深度 W，这时炸药爆炸释放的能量传给岩石的比例减少，而传给空气的比例相对增加，即将有一部分能量用于抛掷岩石和形成空气冲击波或对空气做功，在自由面处形成爆破漏斗。当埋置深度减小到某一深度时，形成的爆破漏斗体积最大，此时的埋置深度称为最佳埋置深度 W_0。此时，炸药爆炸能量消耗于岩石的比例最大，破碎率最高，而消耗于岩石抛掷及形成空气冲击波的比例较小，因此，爆破能量的有效利用率最高。

如果药包埋置深度不变，而改变炸药量，则爆破效果与上述能量释放和吸收的平衡关系是一致的。为便于比较和计算，把埋置深度 W 与临界深度 W_c 之比称为深度比 $\Delta\left(\Delta=\dfrac{W}{W_c}\right)$，最佳深度比为 $\Delta_0\left(\Delta_0=\dfrac{W_0}{W_c}\right)$，因此有 $W_c=\Delta_0 E_b Q^{\frac{1}{3}}$。

在实际的岩石爆破中，可以通过改变埋置深度，也就是改变最小抵抗线，来调整或平衡炸药爆炸能量的分配比例，实现最佳的爆破效果。

实际应用中，只要通过实验求出岩石的变形能系数 E_b 和最佳深度比 Δ_0，就可做出合理装药量和埋置深度的计算。

为便于分析，常采用比例爆破漏斗体积 $\dfrac{V}{Q}$（单位药量的爆破漏斗体积）、比例埋置深度 $\dfrac{W}{Q^{\frac{1}{3}}}$、比例爆破漏斗半径 $\dfrac{r}{Q^{\frac{1}{3}}}$ 和深度比 Δ 为研究对象。

6.2.2 爆破漏斗特性

利文斯顿提出了以能量平衡为准则的爆破漏斗理论之后，国外一些学者做了大量的工作。他们从实验室到生产现场的试验和应用，对不同性能炸药、药量、药包形式、埋深和难爆易爆岩石等不同条件进行了对比试验，用爆破漏斗特性曲线进一步确定了爆破漏斗的理论性和科学性，并证明了不同条件下爆破漏斗特性比较一致的爆破规律。

　　图 6.10 为花岗岩中用含铝铵油炸药时得到的爆破漏斗试验曲线，纵坐标 V 为爆破漏斗体积（m^3），横坐标为炸药埋置深度 W（m）。图 6.11 为铁燧石的爆破漏斗试验曲线，纵坐标为比例爆破漏斗体积 $\dfrac{V}{Q}$（m^3/kg），横坐标为深度比 $\dfrac{W}{\sqrt[3]{Q}}$（m/kg^3），所采用炸药为浆状炸药，从曲线中可以看出最佳深度比为 0.58。

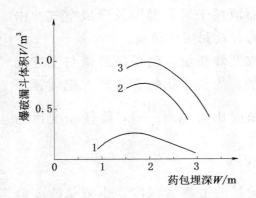

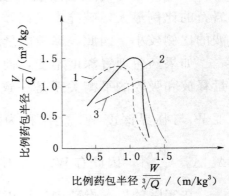

图 6.10　不同炸药的花岗岩爆破
漏斗特性曲线示意图

1—铵油炸药；2—浆状炸药；
3—含铝浆状炸药

图 6.11　不同岩石的爆破漏斗
特性曲线示意图

1—花岗岩；2—砂岩；3—泥土岩

6.2.3　利文斯顿爆破漏斗理论的实际应用

　　爆破漏斗试验是利文斯顿爆破理论的基础。首先，根据爆破漏斗试验的有关数据可以合理选择爆破参数，提高爆破效率；其次，对不同成分的炸药进行爆破漏斗试验和对比分析，可为选用炸药提供依据，如图 6.10 所示。另外，利文斯顿的变形能系数还可以作为岩石可爆性分级的参考判据，如图 6.11 所示。

6.2.3.1　对比炸药的性能

　　根据利文斯顿爆破漏斗理论的基本公式，在同一种岩石中，炸药量一定，但炸药品种不同，进行爆破漏斗试验时，炸药威力大者，传给岩石的能量高，则其临界埋深 W_c 值比较大；反之，炸药威力小者，其临界埋深也小。由于 W_c 值的不同，E_b 值也就不一样，因此可以对比各种不同品种炸药的爆炸性能。

6.2.3.2 评价岩石的可爆性

在选定炸药品种、炸药量为常数时，据炸药的临界埋深 W_c 可求出不同岩石种类中该种岩石变形能系数 E_b，即当 $Q=1$ 时，可认为单位重量的炸药（如 1kg）的弹性变形能系数 E 在数值上就等于临界埋深 W_c。爆破坚韧性岩石，1kg 炸药爆破的 W_c 值必然小，弹性变形能系数 E_b 也较小，说明消耗能量大，岩石难爆；爆破非坚韧性岩石，单位药量的临界埋深 W_c 必然较大，弹性变形能系数 E_b 值也较大，表明吸收的能量小，故岩石易爆。所以，可以用岩石弹性变形能系数 E_b 作为对比岩石可爆性的判据。

6.3 单位装药量计算

6.3.1 爆破漏斗体积与漏斗半径的测量

爆破后按相同的网度测量漏斗轮廓线距基准面的距离。求出测点的爆破深度，然后按辛卜生法计算出漏斗各断面的面积 S_i，最后按棱台体求得各漏斗的体积 V：

$$V = \frac{B}{3}\left[(S_1 + S_n) + 2(S_1 + S_2 + \cdots + S_n) + \sum_{i=1}^{n}\sqrt{S_i S_{i+1}}\right]$$

爆破后，扣除漏斗口周围岩石片落部分，圈定漏斗口的边界，然后以炮孔为中心，每隔 $45°$ 角量取漏斗半径，取其 8 个测量值得平均值，再求出漏斗半径 R_i 作为本次爆破实验的漏斗半径。

6.3.2 集中药包装药量计算（体积近似法则）

单位装药量的计算没有精确的计算公式，只有经验公式，最常用的是体积公式。体积公式原理：装药量的大小与岩石对爆破作用力的抵抗程度成正比。这种抵抗力就是重力，实际上就是被爆破岩石体积。

$$Q = qV$$

式中：Q 为装药量，kg；V 为爆破漏斗体积，m^3；q 为单位体积用药量，kg/m^3。

形成爆破漏斗时：

$$V = \frac{1}{3}\pi r^2 W$$

式中：W 为最小抵抗线，m；r 为漏斗底圆半径，m。

如果为标准抛掷漏斗 $r=W$，则

$$V=\frac{1}{3}\pi rW^3 \approx W^3$$

要获得爆破作用指数不同的爆破漏斗，装药量可视为爆破作用指数几何函数：

$$Q=kW^3 f(n)$$

当 $f(n)>1$ 时，为加强抛掷爆破。

当 $f(n)=1$ 时，为标准抛掷爆破。

当 $f(n)<1$ 时，为减弱抛掷爆破。

苏联鲍列斯阔夫的公式：

$$f(n)=0.4+0.6n^3$$

即

$$Q=kW^3 f(n)=kW^3(0.4+0.6n^3)$$

此式即为加强抛掷爆破装药量计算公式。

对于松动爆破装药量，更适用的公式为

$$Q=(0.33\sim0.55)kW^3$$

第7章

高寒地区多节理、硬岩水电站坝料
爆破直采设计与施工研究

7.1 孔网参数

7.1.1 台阶爆破的抛掷理论

理论与实践证明，料场露天台阶多排孔爆破时，前后排孔爆破的岩石层覆盖，具有一定的规律性，亦即后排孔爆破的岩石依次覆盖在前排炮孔爆破的岩石上，而且每排炮孔爆破后的爆堆的外轮廓线呈抛物线形。各排炮孔的爆堆分布如图7.1所示。

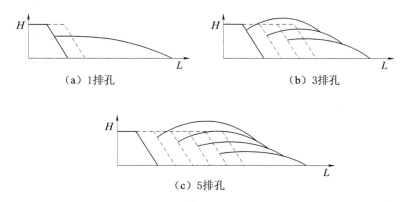

（a）1排孔　　　　　　　　　（b）3排孔

（c）5排孔

图7.1 各排炮孔的爆堆分布示意

从图7.1中可知，无论爆破区穿孔排数多少，爆堆在竖直方向上岩层最多为三层，根据上述台阶抛掷后的岩层覆盖规律，就可知道爆堆上各质量控制点与各排炮孔之间的对应关系。

表7.1是根据现场实践归纳总结的一般90mm孔径的露天台阶深孔爆破参数。

表 7.1 一般 90mm 孔径爆破参数

序号	孔径 /mm	台阶高 /m	孔深 /m	孔距 /m	排距 /m	填塞高度 /m	药量 /kg	单耗 /(kg/m³)
1	90	8	9	3	3	3	30.0	0.55
2	90	10	11	3.5	3	3	40.0	0.55
3	90	12	13	3.5	3	3	50	0.55

7.1.2 前排孔孔网参数

岩石中的药包爆轰后，首先在岩体中产生的冲击波对紧靠药包的岩壁产生强烈作用，使药包附近岩石被挤压，或被冲击成粉末，形成一个不大的空腔。接着冲击波衰减为应力波，并在传播过程中使岩石质点产生径向位移，构造了径向压应力和切向拉应力场。因岩石动态抗拉强度只有其动态抗压强度的 $1/50 \sim 1/10$，所以在切向拉应力大于动态抗拉强度处的岩石被拉裂，形成与粉碎区相贯通的径向裂隙。当应力波传到自由面后要产生反射拉应力波，与入射应力波叠加后其强度大于岩石动态抗拉强度处的岩石被拉断，形成片落区。在径向裂隙的影响下，裂隙区扩展到自由面，或者与片落区相连形成连续性破坏，这时因大量爆生气体继续膨胀，可将最小抵抗线方向的岩石表面鼓起、破碎和抛掷，最小抵抗线值的大小，对爆破效果将起关键作用。

一般料场深孔台阶爆破最小抵抗线方向应指向节理裂隙发育特征不明显或者正交于节理裂隙。节理裂隙发育明显，需要增大排间距 a 值，延长爆轰气体在孔内作用时间。

7.1.3 正常孔孔网参数

相邻药包爆破后，沿其连心线相向传播着压应力波，使垂直于连心线方向上产生拉应力而造成初始裂隙（沿连心线方向），相向传播的应力波相遇后发生叠加，拉应力得到加强，使沿连心线方向上的初始裂隙发展，贯通两个相邻的炮孔。爆轰气体产生准静态压力作用，使两相邻药包连心线上的各点均要产生很大的切向拉应力，而且在连心线与孔壁相交点上出现应力集中，因而也能使拉伸裂隙沿连心线向外发展，直至贯通两个相邻炮孔。此外因应力波的叠加作用，两相邻药包爆破呈辐射状外传的应力波作用线相交成直角时，交点处就要出现应力降低区。图 7.2 中，药包交点上岩石单元体受到其辐射状传来的径向压应力并引起切向拉伸，在交点上的岩石单元体发生应力抵消，呈现应力降低区，相应缩小最小抵抗线使应力降低区处于自由面之外的空间位置，将有利于岩石的爆破破碎。

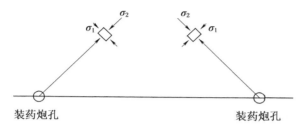

图 7.2　炮孔间爆炸应力作用示意

σ_1—拉应力；σ_2—压应力

荒沟电站料场深孔台阶爆破增大密集系数 m，使前排药包爆破引起的裂隙伸展到后几排药包所要爆破的岩体中区，而每个后排因药包间距增大而处于两相邻药包中间的较多岩体不致残留下来，增加破碎作用，降低爆后大块率。

药包间距过小，连心线上的裂隙发展过快，应力释放影响范围增大，从而减弱药包连心线以外岩石中裂隙的形成和发展。如果增大药包间距，提高 m 值，则因应力叠加效果减小，使以药包为中心的同心圆上的各点不受应力释放的影响，有利于放射状裂隙的产生和发展。

7.2　炸药单耗

7.2.1　做功能力影响

做功能力是衡量炸药爆炸性能的重要指标。按照热力学定律，假设炸药在做功过程中因为低温的热量损失，热能部分转变成机械能，炸药做功由下式计算：

$$A = \eta Q_v$$

$$\eta = 1 - \left(\frac{V_1}{V_0}\right)^{k-1}$$

式中：Q_v 为炸药爆热，J/mol；η 为热能转变成机械能的效率，需考虑低温影响；V_1 为爆炸产物膨胀前的体积，即等于炸药爆炸前的体积，L；V_0 为爆炸产物膨胀到常温时的体积，约等于炸药的比容，L；k 为绝热指数，需要考虑低温影响。

对比实验表明：常温条件下，乳化炸药的做功能力要比铵油炸药高 10%。乳化炸药在冻土爆破中的做功能力高于铵油炸药，冻土爆破作业时宜选取乳化炸药等高威力炸药。

因为冻岩条件炸药在做功过程中的热量损失，使得炸药爆炸热能转变成机械能效率降低，影响炸药做功能力。故需要考虑低温影响，且采取乳化炸药和较大的炸药单耗。

7.2.2　漏斗试验法

露天台阶爆破沃奥班体积法则："在一定的炸药条件和岩石条件下，爆落的土石方体积同装药量成正比"。

炸药单耗的选取主要参考爆破漏斗试验结果，再经现场试验确定。

爆破漏斗试验计算过程如下式：

$$Q = qV$$

$$V = \frac{1}{3}\pi(R)^2 W \approx W^3$$

$$q = \frac{Q}{V} = \frac{Q}{W^3}$$

详见 6.3 节。

7.2.3　考虑岩石系数 R、单位炸药计算威力 S 和炮孔的倾斜度 F

在台阶爆破中，岩石条件和炸药性能是各不相同的。为了在爆破时取得相同效果，就必须考虑岩石系数 R、单位炸药计算威力 S 和炮孔的倾斜度 F。

$$q = \frac{RF}{S}q_0$$

式中：S 为单位炸药计算威力；R 为岩石系数；F 为炮孔倾斜度。

7.2.3.1　单位炸药计算威力 S

基斯特洛姆（Kihlstrom）和兰格弗尔斯认为，炸药爆破岩石的能力主要是炸药爆炸能作用，气体容积也起一定的辅助作用。即

$$E = \frac{5}{6}A + \frac{1}{6}B$$

式中：E 为单位炸药爆破能力；A 为低温环境单位炸药的爆炸能，即爆热，J/kg；B 为单位炸药爆生气体容积，即比容，L/kg。

7.2.3.2　岩石系数 R

岩石的容重，表征了重力对岩石爆破的作用；冻岩的硬度，反映了冻岩强度对爆破的影响。因而，冻岩的硬度和容重，是反映冻岩爆破炸药消耗量的两个重要参数。选取典型标准基岩 $f = 10$，$\gamma = 2.65 \text{g/cm}^3$ 作为岩石系数 R＝1 的标准，根据各种冻岩条件和炸药单耗量（见表 7.2），经回归分析，确定：

$$R = \frac{f^{0.8}\gamma^{0.7}}{12.5}$$

式中：f 为冻岩的普氏硬度系数；γ 为冻岩容重，g/cm^3。

7.2.3.3　炮孔倾斜度 F

倾斜炮孔爆破较垂直炮孔爆破，有较多的有利条件：在底部有较大的破裂角，较容易把岩石破碎和抛掷；在炮孔顶部较少地有后翻现象，使爆破后台阶坡面有可能保持原炮孔的倾斜度，避免上部出现大块，提高了爆破质量。炮孔倾斜度是以炮孔垂直时（倾角 $\alpha = 90°$）的倾斜度 F＝1 为标准计算的。即

$$F = \sin\alpha$$

式中：α 为炮孔倾角，（°）。

在露天岩体中，炮孔倾角 α 一般在 65°～90°范围内，因而 F 值一般在 0.91～1 之间。表 7.2 为几种常用生产爆破炮孔的炮孔倾斜度 F 值。

表 7.2　　　　　几种常用的炮孔倾斜度 F 值

炮孔倾角/(°)	65	70	75	80	85	90
炮孔倾斜度 F	0.91	0.94	0.96	0.98	0.99	1.00

7.2.3.4　结论

确定了 R、F 和 S 后，即可由前式确定出适合该种岩石条件和炸药性能的合理炸药单耗值，即

$$q = \frac{RF}{S} \left[\frac{0.07}{W} + 0.35 + 0.004W \right]$$

7.2.4　考虑坚固性系数 f

表 7.3 列举了根据岩石坚固性系数 f 推荐的 2 号岩石炸药单耗，但在高寒环境条件需要考虑冻岩在不同温度梯度坚固性的变化。

表 7.3　　　　　　　　　单位炸药消耗量 q 值表

岩石坚固性系数 f	0.8～2	3～4	5	6	8	10	12	14	16	20
q 值/(kg/m³)	0.40	0.43	0.46	0.50	0.53	0.56	0.60	0.64	0.67	0.70

7.3　爆破间隔时间

深孔台阶爆破中，采取合理爆破间隔时间能够有效地提高爆破质量。

7.3.1　根据冻岩纵波波速确定的方法

对于存在大量节理裂隙的岩体，合理的微差间隔时间应该是：前段炮孔起爆后，炮孔周围的岩石首先受到应力波的作用，然后在爆炸气体准静态作用下产生变形和位移，后起爆炮孔是在控制破碎带内的自然裂隙处于紧闭状态下起爆；也就是要求微差间隔时间小于或等于岩石开始明显移动时间。根据公式：

$$\Delta t = \frac{2W_d}{v_p} + K \frac{W_d}{C_p} + \frac{S}{v}$$

可知爆破间隔时间（Δt）与冻岩纵波速度（C_p）存在函数关系，而岩体纵波速度反映了岩体损伤程度，岩体损伤度又能够反映岩体节理裂隙发育程度，即岩体节理裂隙与爆破间隔时间的选取存在一定关系。基于此公式设计爆破间隔时间，选取非电导爆管雷管进行爆破试验，爆破后采用软件统计岩石块度分布，以详细数据为

基础分析节理裂隙发育程度不同的岩体采取不同爆破间隔时间的爆破效果。

7.3.2 根据裂隙数确定的方法

微差爆破间隔时间可依据下式确定：

$$\Delta t = k_p W (24 - f)$$

式中：Δt 为微差爆破间隔时间，ms；k_p 为岩石裂隙系数，裂隙少取 0.5、中等取 0.75、发育岩石取 0.9；f 为岩石坚固性系数。

7.3.3 A.H 哈努卡耶夫计算公式

$$t = \frac{2W}{c_p} + \frac{W}{v_{tp}} + \frac{s}{v_{cp}}$$

式中：W 为最小抵抗线，m；c_p 为纵波传播速度，m/s；v_{tp} 为裂纹扩展速度，m/s，$v_{tp} = 0.38 c_p$；s 为裂缝宽度，取 $s = 10$mm；v_{cp} 为抛掷岩石平均速度，取 $v_{cp} = 15$m/s。

7.3.4 考虑破碎和抛掷确定

炮孔内炸药爆炸对岩体的破坏，主要靠动作用和静作用，即动作用主要利用爆炸产生的冲击波或应力波形成破坏，静作用是利用炸药爆炸产生的爆轰气体的流体静压或膨胀功形成破坏，而岩石在炸药爆炸产生的动、静作用下压缩前移和卸载回弹。

在起爆过程中，孔间和排间分别承担着破碎和抛掷两种作用，抛掷作用比破碎作用需要更长的延期时间。根据岩石爆破破碎、抛掷这两个主导作用，生产实践中总结出的经验公式，可以计算出深孔台阶多排孔微差间隔时间。

（1）控制排上孔间微差间隔时间（破碎作用）：

$$\Delta t_1 = (3 \sim 8) a'$$

式中：a' 为起爆时控制破碎作用的孔间距，m。

（2）雁行列上孔间微差间隔时间（抛掷作用）：

$$\Delta t_2 = (8 \sim 15) b'$$

式中：b' 为起爆时控制抛掷作用的孔间距，m。

为了避免爆破后冲致使后续自由面产生次生裂隙，导致大块率增加，采取最后一排孔增减延期时间，使最后一排孔被爆岩体最小抵抗线方向指向新自由面。

岩石致密、完整，坚固时取小值；岩石节理发育、软弱时取大值时前冲较大。

7.4　多节理、冻岩逐孔起爆技术

大量生产实践及大块测量情况表明，台阶爆破的岩块表面，相当部分是由原岩中节理裂隙等结构面切割形成的原生面，这表明岩体结构面是影响爆破破碎质量的一个重要因素。因此，在确定孔网参数时，必须同时考虑到岩体中节理、裂隙等结构面的作用和影响。

7.4.1　顺向爆破

顺向爆破就是调节爆破作用方向和结构面之间的关系，利用岩体中节理裂隙等结构面达到改善爆破质量的目的。

岩体中节理裂隙的方向一般是和岩体走向相一致。

（1）在布置炮孔时，若炮孔排面和岩体走向一致，爆破后会出现根底，这是由于结构面的阻力最小所引起的。

（2）若炮孔排面和岩体走向垂直，即爆破作用方向和岩体走向一致，就能很好地克服根底，这也是顺向爆破的优点所在。

（3）爆生气体使岩体的原生和次生裂隙进一步扩展而破坏，同时应力波传播到自由面后反射拉伸波，不会因结构面的影响而减小。裂隙的扩展和拉伸波的作用，使岩块度小而均匀。因此在料场各台阶推进的时空安排以及新水平开拓位置和方向的选取上，要充分考虑岩体中节理裂隙的分布及走向情况，以利于设计的爆区能符合裂隙岩体爆破技术的要求，达到爆破的质量目的。

7.4.2　创造更多自由面

在爆破工程中，创造更多的自由面可改善爆破效果。图 7.3 为两自由面相互垂直，最小抵抗线相等，药包爆破后产生的应力波传至自由面后将同时发生反射，并且反射波同时抵达药包位置。反射拉伸波在传播过程中首先在两自由面接触点，然后依次在 1、2、3 诸点发生叠加。拉应力强度将成倍增加。自由面越多，将增进岩石爆破破碎效果。此外，爆破岩石体积也将增大。

7.4.3 起爆方向

在实际爆破施工过程中，因受各种因素影响，可能仍有相当一部分爆区受推进方向和爆破作业自由面的限制，无法达到裂隙岩体爆破技术所需的要求。要这种情况下，设计爆区时，仍选用正常的爆破孔网参数（单位负担面积不变）的方式布孔，而在起爆方式上改排间微差爆破为斜线起爆或"V"起爆，使爆破的抛掷方向与主节理裂隙走向相交，从而达到有效改善爆破质量的目的。

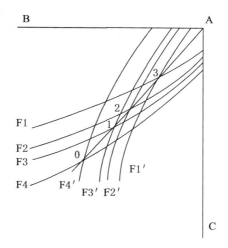

图7.3　射波叠加区

AB、AC—自由面；0、1、2—药包；

F—反射波

采用顺向爆破，多排孔斜线逐孔或反倾斜，多排孔V型逐孔起爆网路，效果比较好。如图7.4和图7.5所示起爆网路示意图。

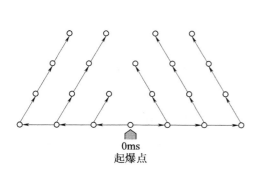

图7.4　1个自由面"V"起爆
网路示意图

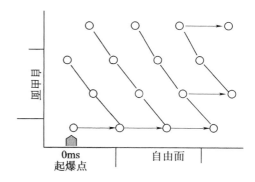

图7.5　2个自由面"斜线"或
"对角线"起爆网路示意图

7.5　多节理、冻岩的预裂爆破

7.5.1 预裂爆破的基本原理

早期研究者对预裂缝形成提出两个理论，一是相邻炮眼产生的爆炸应力波相互干扰的理论，即假定两个炮眼同时起爆时，裂缝始于2炮眼中心连线的中点；二是爆炸气体高压静力作用，即着重于爆炸气体高压作用的应力分布，强调在不耦合系数适当大时，炮眼壁与两炮眼中心连接面相交处产生应力集中，首先从眼壁开裂；近20年来，不少研究者对爆炸冲击波和爆炸气体的作用做了全面研究，揭示其规律，从而提出了应力波和爆生气体压力共同作用的原理，该原理为大多学者所接受。因为目前国内外电雷管的精度达不到同时起爆的要求，同段电雷管误差都在5ms以上，若爆破岩石弹性波速为4000m/s，每毫秒要传4m，5ms可传20m，而料场预裂爆破一般为2～3m，由于压缩应力波很难正好在两个炮眼中相遇，所以应力波和爆生气体压力的共同作用原理合乎实际。

根据高寒区多节理、硬岩爆炸应力波传播规律，在高寒区多节理、硬岩料场实施预裂爆破须采取较小的孔间距，才能取得需要的预裂爆破效果。

7.5.2　钻孔直径的选择

一般钻孔直径是根据工程性质及对质量要求，并结合现有的设备条件选择。小直径钻孔对周围岩石破坏范围小，预裂面形状也容易控制。

钻孔直径对预裂孔半边孔的出现率的高低有关，孔径愈小，则半边孔出现率愈高，反之孔径愈大，则半边孔出现率则愈差，在水电站料场由于所需专用设备缺少，一般采用较小孔径的潜孔钻机进行筑坝石料的爆破直采，而根据高寒区多节理、硬岩爆炸应力波传播规律，采用较小孔径的潜孔钻机进行预裂孔穿孔正好符合高寒地区多节理、硬岩的预裂成缝机理。

7.5.3　预裂孔药量控制与装药量的计算

一般来说，预裂爆破装药量合适时，即可造成平整贯通的预裂缝，又可使药包附近的岩体不被破坏。

预裂爆破的药量均按线装药量 Q_L 计算。计算 Q_L 的理论公式和经验公式、半经验公式较多，但各考虑的侧重点不同，无适合各种介质的统一公式；对于层状岩体，因各层岩石强度不同，厚度变化大，岩层的产状不相同，每层岩石都对应一个 Q_L，要达到这样的要求是很难的，这就要寻求一个综合各层岩体特征的 Q_L，这个 Q_L 要求保证将最硬层岩石预裂成大于 1cm，宽的裂缝的最小 Q_L，使其对保留岩石的破坏减到最低限度。

7.5.3.1 爆破炸药量的控制

要控制爆破规律，使爆破的振动强度不至于破坏边坡基岩，必须严格控制爆破用药量。振动速度能较好地反映振动强度，它与爆破药量和被保护对象到爆区距离的关系：

$$v = K \left[\frac{\sqrt[3]{Q}}{R} \right]^\alpha e^{\beta \cdot H}$$

式中：K 为与岩性、地质条件及爆破方法有关的介质系数；R 为爆区至保留岩体的最近距离，m；v 为保留岩体的安全振动速度，cm/s；α 为地震波衰减系数；β 为衰减指数的修正系数；H 为冻岩和节理的影响系数，需根据现场测定振动数据回归得到；Q 为最大段装药量（单响）爆破药量，kg。

K、α 与爆破点至保护对象间的地形、地质条件有关的系数和衰减指数，应通过现场试验确定；在无试验数据的条件下，可参考表 3.1 选取。

7.5.3.2 预裂孔炸药量计算原理

（1）以炮孔面积确定的装药量：

$$Q = q_s S + Q_d$$

式中：q_s 为坡面单位面积炸药量，g/m²；S 为每孔负担预裂坡面积，m²，$S = La$（L 为孔深，a 为孔距）；Q_d 为每个孔底集中药包药量，一般认为 Q_d 的作用是克服根底，在孔底 1m 高增加 Q_L 的 3 倍左右药量。

根据实践经验，预裂孔底增大药量对预裂效果不利，同时也不能克服根底，采用增大缓冲孔药量或采用缓冲孔底部集中装药能减少根底。

（2）按装药长度计算装药量。每个孔的装药量可按下式计算：

$$Q = \left[\frac{L - L_1}{l} + Q_1 \right] G$$

式中：L 为钻孔深度，m；L_1 为未装药长度，m；l 为药包长度，m；Q_1 为孔底集中装药药包个数，个；G 为药包重量，$G_{上盘} = 0.96 \text{kg}$，$G_{下盘} = 0.86 \text{kg}$。

7.5.3.3 炸药的选择

爆破理论与技术发展的一个重要方面就是在于选择合适的炸药，以便将炸药的更多能量用于有用功，因此，建立炸药与岩石之间的数学力学关系，并用来指导放炮，使爆破更具有科学性。事实上（预裂爆破）不耦合装药爆破就是有效利用炸药能量并与力学巧妙结合的产物。

从定向断裂控制爆破的理论来讲，应力波干涉论需要爆速、猛度等较高的炸药。而高压气体理论和断裂力学理论则相反。

炸药的冲击效应由不耦合效应和装药量的多少得到某种程度的调整，达到适合预裂的要求。也可以说不耦合装药起到某些调整炸药性能的作用，以及调整炸药对孔壁的压力。

A. A. 费先柯指出，不同的炸药的最佳装药密度是不同的，对任何一种炸药而言，在轮廓爆破参数为最佳的情况下，用另一种炸药时，对轮廓的影响又有不同。

因此，凡是能进行控制爆破的炸药，都有一个适合于每种岩石的合适的装药量范围，炸药性能改变，这个范围也随之改变，必须重新调整装药量或钻孔间距，如果能在施工中经常对使用的炸药进行性能测定，对于取得良好的爆破效果有极大的好处。

总之，预裂爆破是控制周边炮眼的爆破作用，使之既能完成周边轮廓的切割，又能使围岩所受到的损坏限制到最小。预裂爆破采用低猛度、低爆速、低密度和传爆性能良好的炸药，以消除或缩小炮眼周围形成的岩石粉碎圈。根据这一要求，国外生产的专用炸药，如瑞典的古立特炸药、瑞士的沃鲁迈克斯炸药等。

目前国内地下预裂爆破使用的炸药仍以硝铵类炸药为主，施工中选用直径为 30mm 的包装乳化炸药。

7.5.3.4 装药密度与装药结构

（1）装药集中度。预裂孔的装药，应该是刚好能够克服岩石的抵抗阻力，而不造成围岩的破坏，通常采用不耦合装药和空气间隔装药。并用装药集中度来表示装药量。装药集中度即是每米炮眼的装药量，kg/m。

（2）装药密度。预裂爆破的装药量国内外都用线装药密度表示，但所指的装药密度含义并不相同，概括有以下几种：

1）计算装药密度时，包括了孔底增加的装药量。

2）以全孔长度除全孔总装药量表示线装药密度，称为延米装药量。

3）扣除底部增加药量的全孔装药量除以装药的那段长度（不包括堵塞长度）的线装药密度。

由于孔底夹制作用大，为保证裂缝到底，要在孔底增加装药量；水工建设的经验是：孔深大于 10m 时，底部增加的药量为线装药密度的 3～5 倍，把它们平均分摊在孔底 1～2m 的长度上；3～5m 孔深增加 1～2 倍；5～10m 孔深增加 2～3 倍。坚硬岩石取大值，软弱岩石取小值。为不使表面出现漏斗，也可考虑适当减少顶部 1m 的装药量。

（3）装药结构。装药结构形式及其相应的参数是控制爆破最重要、最复杂的问题之一，合理的装药结构与参数必须保证全部装药稳定爆轰，完全传爆，不产生瞎炮、残炮和带炮，保证按炮眼作用产生一定的爆破威力，而且装药工艺简单。

目前，预裂爆破的药包结构有两种形式：一种是药串；另一种是连续装药。药串结构是根据线装药密度的大小，每隔一定间距将标准药包或改小的药包绑扎在传爆线上，由传爆线引爆所有药包。这也是目前使用较多的装药结构。连续装药是一种比较理想的预裂装药方式，根据预裂爆破的理论可知，在装药密度确定之后，炸药沿预裂孔分布愈均匀愈好。但是，在目前我国还没有研制出低爆速、高传爆性能的炸药之前，不用传爆线进行连续装药爆破尚有困难。

（4）药包放置位置。根据不耦合原理，药包应尽可能放在孔的中间。普通的方法采用药串绑在竹片上的办法，避免药包与孔壁接触。

7.5.3.5 冻岩线装药密度的计算

（1）根据冻岩极限抗压强度和炮孔间距计算线装药密度。一般预裂爆破都采用不耦合的装药结构，在浅孔爆破（隧道或巷道）中取不耦合系数为 $1.5\sim4$、在深孔爆破中取不耦合系数为 $2\sim4$ 的条件下，药量计算可采用以下经验公式。

深孔爆破： $\qquad Q_L=0.042a^{0.5}\sigma_c^{0.6}$

式中：a 为炮孔间距，cm；σ_c 为岩石极限抗压强度，MPa。

（2）根据冻岩极限抗压强度和炮孔直径计算线装药密度。

$$Q_L=0.304\sigma_c^{0.5}d^{0.86}$$

式中：d 为炮孔直径，cm。

（3）根据冻岩极限抗压强度、炮孔直径和不耦合系数等因素计算线装药密度。

$$Q_L=78.5d^2K_C^{-2}\rho_0$$

（4）用空气介质不耦合装药预裂爆破经验公式计算允许装药密度。

$$Q_L=2.75\sigma_c^{0.53}\left[\dfrac{d}{2}\right]^{0.38}$$

（5）根据冻岩极限抗压强度、炮孔直径和炮孔间距等因素计算线装药密度。

$$Q_L=0.16\sigma_c^{0.5}r^{0.25}a^{0.85}$$

（6）根据炮孔直径、冻岩普氏系数和炮孔含水量计算炮孔平均线装药密度。

1）当炮孔含水时：

$$Q_L=(281d^2-9825d)10^{-4}+8.76+(-2.1+2.71d)10^{-3}f$$

2）当炮孔无水时：

$$Q_L=(0.042d^2-1.48d)-12.27+28.004^{1.67}f$$

式中：f 为普氏系数。

（7）经验数据法。经验数据法见表7.4。

岩石性质	炮孔直径/mm	孔间距/m	单位长度装药量/(g/m)
软弱岩石	80	0.6~0.8	100~180
	100	0.8~1.0	150~250
中硬岩石	80	0.6~0.8	180~300
	100	0.8~1.0	250~300
次坚石	90	0.8~0.9	250~400
	100	0.8~1.0	300~450
坚石	90~100	0.8~1.0	300~700

表7.4 　　　　　　　　**经 验 数 据 法**

7.5.4 预裂孔孔距

钻孔间距确定的原则，应能够使裂缝贯通，同时又不出现过度破坏。模型爆破试验以及实际爆破的经验表明，爆破岩面的质量主要取决于炮孔间距 a。由于条件不同，计算依据不一样，有多种计算公式。

7.5.4.1 根据爆炸应力波的作用确定钻孔间距

众所周知，预裂缝的形成，可以认为是冲击应力波与爆生气体共同作用的结果，在冻岩断裂初期，综合压力 P 作用下的炮孔周围的应力场，由弹性理论可知：

$$a = K_S \left(2r_0 + \frac{2P}{\sigma_t} \right) R$$

式中：a 为冻岩炮孔间距，m；r_0 为冻岩初始裂纹长度，m；P 为冻岩炮孔内的准静态压力，MPa；σ_t 为炮孔周围冻岩体的静态抗拉强度，MPa。

由于冻岩体内存在各种结构面，如节理、裂隙等，同时也存在各种内部缺陷，因而冻岩初始裂纹形成后，会更容易失稳和发展。同时对冻岩原有裂纹也会产生相互作用，更易形成预裂缝，因此，在计算实际孔间距时可采用以大于1的修正系数 $K_S = 1.1 \sim 1.5$，冻岩体稳固、均匀时取小值，冻岩节理、裂隙等结构面发育时取大值。

7.5.4.2 根据钻孔直径和不耦合系数确定钻孔间距

根据钻孔直径 d 和不耦合系数 K_C 确定钻孔间距是马鞍山矿山研究院实践总结出的。计算公式如下：

$$a = 19.4d(K_C - 1)^{-0.523}$$

7.5.4.3 浅眼预裂爆破炮眼间距的计算预裂爆破孔的间距

$$a = \left(\frac{2bK_f S_C}{\sigma_1}\right)^{\frac{1}{\alpha}} 2r_b$$

式中：b 为冻岩切向应力与径向应力的比值，$b = \dfrac{\mu}{1-\mu} = 0.25$；$K_f$ 为近爆区冻岩处于各向压缩状态下单轴抗压强度增大系数，取 $K_f = 10$；S_C 为冻岩单轴抗压强度，MPa；α 为冻岩应力波衰减指数，$\alpha = 2 - b = 1.75$；σ_1 为炮孔周围冻岩的最大主应力，MPa；μ 为冻岩泊松比，取 $\mu = 0.2$。

7.5.4.4 根据钻孔直径确定钻孔间距

（1）理论计算式。苏联 E·H 库图诺夫所著《爆破工作指南》一书建议钻孔间距按下式计算：

$$a = 22d_c K_s K_y$$

式中：d_c 为药包直径；K_s 为挤压系数，全挤压时（即抵抗线很大时），$K_s = 0.85$，在台阶或斜坡上作业，松动孔超过 3 排时，$K_s = 1$，同样条件下松动孔排数较小时，$K_s = 1.1$；K_y 为地质条件系数。没有很明显的层面或裂隙时，$K_y = 1.0$，在占优势的裂隙组与预裂缝的夹角呈 90°时，$K_y = 0.9$，角度为 20°～70°时，$K_y = 0.85$，在水平岩层以及地质构造平面与裂隙相吻合时，$K_y = 1.15$。

（2）根据药包直径计算公式如下：

$$a = r_c D \sqrt{\frac{2\mu P_0}{(1-\mu)\sigma_{tg}}}$$

式中：σ_{tg} 为冻岩的极限抗拉强度；其他符号意义同前。

（3）经验取值。钻孔间距 a 与钻孔直径 d 的比值称为间距系数，间距系数是一个重要指标，它的大小决定钻孔的数量，与冻岩性和孔径大小有关，它随冻岩抗压强度和孔径的增高而减少，孔径在 70mm 以下，不同温度冻岩性间距系数为 5～10。单就同一种多节理、冻岩而言，温度低取大值，温度高取小值。孔距大可以减少钻孔数量，加快施工进度，但钻孔孔距过大却不能保证预裂爆破效果。许多资料说明，孔径与孔间距的比值对于各种岩石应有一个适当的范围，超过此范围预裂爆破效果变坏。一般认为以 8～12 倍孔径为宜。西方国家水电工程预裂爆破钻孔的间距大多数都小于 10 倍孔径。有的甚至小于 5～6 倍孔径，我国水电系统不论岩石的岩性如何，多数取 9～10 倍孔径。国内其他系统取 10～15 倍孔径或 15～20 倍孔径。葛洲坝工程部取到 15 倍孔径。日本水电站施工和道路开挖中大多数孔距也小于 10 倍孔径。苏联确定钻孔间距的经验办法是以药包直径做比较，钻孔直径为药包直径的 15～30 倍。

7.5.4.5 装药量与钻孔间距

（1）调整。预裂爆破的参数主要是调整装药量和钻孔间距。在同类冻岩中，装药量随着钻孔间距的增加而增加。在试验中，当固定某一合适装药量和其他参数，然后改变钻孔间距，发现获得最好的平整壁面和地表裂缝宽度的最佳钻孔间距的界限不够分明，当固定一个合适的钻孔间距和其他参数，然后改变炸药，同样，药量的最佳值也并不一定界限分明，它依然存在一个合乎质量标准的药量变化范围。

（2）最佳线装药密度的预裂孔间距：

$$a = \left[3.2 \left(\frac{2P + \dfrac{6P^2}{P+7}}{\sigma_{tg}} \frac{\mu}{1-\mu} \right)^{\frac{2}{3}} - m_a \right]^y$$

式中：P 为冲击波压力，$P = 2.5Q \dfrac{Q_L}{P_C}$，MPa；$\sigma_{tg}$ 为冻岩极限抗拉强度，MPa；μ 为冻岩泊松系数；m_a 为确定炮孔间距的精度，由表 7.5 可查得 m_a 值。

表 7.5　　　　　　　　　　　m_a　值

试验次数	$P=50$	$P=100$	$P=250$
5	4.0	2.2	2.0
10	3.0	1.7	1.5
20	2.0	1.2	1.0

（3）核工业总公司华东地勘局对预裂孔间距的选择，经过几种公式的验证后认为加拿大《露天矿边坡手册》中的有关计算较为合理。即

$$a \leqslant \frac{d_b[(P_b)d_c + d_{td}]}{\sigma_{td}} f$$

式中：d_b 为预裂孔直径；$(P_b)d_c$ 为不耦合装药孔壁压力，MPa，$(P_b)d_c = \frac{1}{8} P_0 D_2 \left[\dfrac{d_c}{d_b}\right]^{2.5}$；$\sigma_{td}$ 为岩石动态抗拉强度。采用静态抗拉强度乘以一个系数。即 $\sigma_t \times 1.2$；其他符号意义同前。

7.5.5　预裂孔的布置

7.5.5.1　布孔方式

1. 换向孔排列

为了保证底部抵抗线在允许范围内，主炮孔布孔方向与预裂方向互相垂直。如图 7.6（a）所示，因而底部抵抗线很大，若不控制，在该区容易出现根底，影响爆破质量，为了解决这个问题，在潜孔钻机打孔角度为 75°的情况下，采用换向孔来减小底部抵抗线。

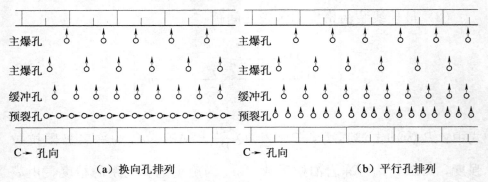

（a）换向孔排列　　　　　　　　　　　　　（b）平行孔排列

图 7.6　预裂爆破倾斜孔的两种布孔方式示意图

2. 平行孔排列

当预裂倾斜方向与边坡台阶面的倾向一致时，可以按照参数进行平行排列。如图7.6（b）所示。经验认为，这种排列预裂孔的半边孔出现率较高。

3. 直孔预裂爆破的排列形式

直孔预裂爆破主要应用于固定帮台阶平盘较宽、坡面要求不严格的靠帮地段，如图7.7所示。

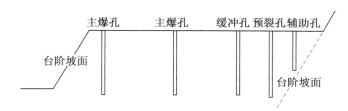

图7.7　直孔预裂炮孔布置示意图

4. 斜孔的预裂布孔

（1）斜孔的预裂孔的布孔方式。预裂孔、辅助孔为倾斜炮孔，缓冲孔、主炮孔均采用垂直炮孔，如图7.8所示。

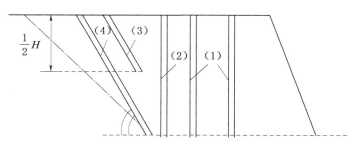

图7.8　预裂孔、辅助孔为倾斜炮孔布置示意图
（1）—主炮孔；（2）—缓冲孔；（3）—辅助孔；（4）—预裂孔

（2）预裂孔、辅助孔的布置方式。预裂孔为倾斜炮孔，而辅助孔、缓冲孔和主炮孔为垂直孔，如图7.9所示。

7.5.5.2　炮孔排列间距

预裂孔打在台阶坡底线上，缓冲孔与预裂孔间距要适当，过小时，爆破后可能破坏预裂面，过大时，可能在预裂面和缓冲孔间产

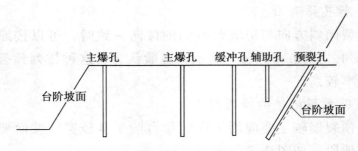

图 7.9　预裂孔为倾斜炮孔布置示意图

生根底。所以预裂孔与缓冲孔的排间距离既影响爆破质量，又与半壁孔痕出现率有直接关系。

实践经验：预裂孔与缓冲孔的排间距离 $b_预$ 应避免裂缝朝缓冲孔贯通，所以，$b_预 > a$（预裂孔间距），采用下列公式计算：

$$b_预 = \frac{a}{0.7 \sim 0.8}$$

对预裂孔与缓冲孔排间距，根据岩石性质采用两种参数，在软岩中钻平行孔，即预裂孔与缓冲孔平行，孔口距离与孔底距离一致，在硬岩石中，钻不平行孔。例如，孔口距离为 3m，孔底距离为 $1.0 \sim 1.5m$。

对于主药包其经验数据见表 7.6。

表 7.6　　　　　　　　　预裂孔与主爆孔药包位置的关系

主炮孔药包直径 /mm	主炮孔单段起爆药量 /kg	预裂孔与主炮孔间距 /m
<32	<20	0.8
<55	<50	0.8~1.2
<70	<100	1.2~1.5
<100	<300	1.5~3.5
<130	<1000	3.5~3.6

7.5.6　预裂爆破施工

预裂爆破的施工流程分钻孔、装药和填塞、起爆网路联结三部分。

7.5.6.1 钻孔施工

钻孔施工是预裂爆破最重要的一环,尤其是钻孔精度,它直接影响到预裂爆破的成败。为了确保钻孔精度,应严格做好边坡的测量放线,修建好钻机平台,按照"对位准、方向正、角度精"三要点安装架设钻机;挑选技术水平较高、熟悉钻机性能的钻机司机,以保证钻孔的准确性。

钻孔精度是保证壁面质量标准的关键,为此,要求预裂爆破的钻孔精度如下:

(1)预裂孔应按设计图纸钻凿在一个布孔面上,钻孔偏斜误差不超过 1°。

(2)孔口坐标误差为 ±10cm。

(3)钻孔底部偏差不大于 15cm。

(4)孔深为 ±0.5m。

7.5.6.2 装药与填塞

预裂爆破采用连续装药和间隔装药两种不耦合装药结构。

在进行装药结构设计时,必须根据地形地质情况,选择合理的装药结构,光爆孔装药结构选择的不合理,会造成边坡局部破坏较大,超欠挖严重,使得平整度下降。

由于目前小直径炸药规格品种少,现在多数采用间隔装药,即按照设计的装药量和各段的药量分配,将药卷捆绑在导爆索上,形成一个断续的炸药串。为方便装药和将药串大致固定在钻孔中央,一般将药串绑在竹片上,装药时竹片一侧应置于靠保留区一侧。

制作方法一般是按照炮孔深度,先准备一根稍长于孔深的竹片,然后把细药卷按照每米的装药量、间隔一定距离与起爆的导爆索一起用黑胶布或绑线缠紧在竹片上。为了克服炮孔底部的阻力,在底部 1~2m 的区段,线装药密度应比设计值大 1~4 倍;而在接近孔口的区段,线装药密度应比设计值小 1/2~1/3。此外,还有一种制作方法是按照设计的线装药密度,选取一定内径的塑料管,将起爆的导爆索先插入塑料管中固定,然后采用连续装药或间隔装药结构方式,其孔底与孔口的装药密度按上述方法控制,如图 7.10

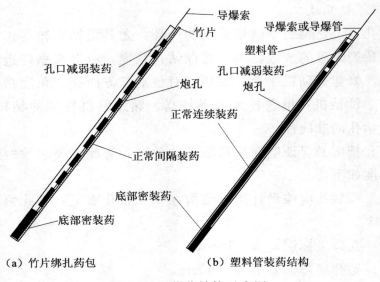

图 7.10　装药结构示意图

所示。

在线装药量、装药结构和不耦合系数确定的情况下，堵塞时要保证回填物不会下落至装药段，否则，不耦合系数将会改变，影响预裂效果。装药后孔口的不装药段应使用沙等松散材料填塞。填塞应密实，在填塞前，先用纸团等松软的物质盖在药柱上端。

7.5.6.3　起爆网路的联结

预裂爆破的药串是由导爆索起爆的，在孔外联结导爆索时，必须注意导爆索的传爆方向，按照导爆索网路的联结要求联结。

连续装药可以采取导爆管起爆网路。

预裂爆破应先于主药包起爆，其时间差要保证人造断层的形成，一般应大于 50ms，在保证主药包网路安全准爆的前提下，其间隔时间越大，人造断层层面形成效果越好，其边坡的成型效果也就越好。

主炮孔和缓冲孔微差间隔时间一般为 100～150ms，缓冲孔和预裂孔微差间隔时间为 75～110ms，间隔时间过长或过短都将影响预裂质量。

第 8 章

高寒地区节理发育、硬岩爆破性分级研究

岩石的爆破破性是指岩石对爆破的抵抗力或可爆的难易程度。岩石的爆破性是岩石自身物理力学性质和炸药、爆破工艺的综合反映，它不仅是岩石的单一固有属性，而且是岩石一系列固有属性的复合体，它在爆破过程中表现出来，并影响着整个爆破效果。

岩石爆破性分级，是根据岩石爆破性的定量指标，将岩石划分为爆破难易的等级。它是隧道掘进不同方案的选择、爆破定额的编制和爆破参数的确定等爆破设计的重要依据。

8.1 分级的判据

为了对高寒地区多节理、裂隙和硬岩可爆性分级有一个符合特定的条件的合理判据，采用爆破漏斗试验的体积及其爆破块度分布率，通过计算求取岩石爆破性指数 N，作为岩石爆破性的主要判据。岩石的结构特征，如节理、裂隙等影响着岩石吸收爆破能量的程度与形式，它不但决定着岩石爆破性的难易，而且影响着爆破块度的大小。岩体弹性波阻率足以反映岩体的节理、裂隙情况及岩石的弹性模量、泊松比、密度等物理力学特性。所以，采用岩体弹性波阻率作为岩石爆破的辅助判据。依据爆破漏斗试验和岩石物理力学参数测试，按照爆破性指数 N 的级差，将岩石爆破性分级。根据爆破漏斗体积，爆破块度分布率和岩体波阻抗的大量数据，运用数理统计的多元回归分析，通过电算求得岩石爆破性指数 N。

据此，岩石爆破性分级的判据，是在各岩石温度条件下爆破材料、参数、工艺等一定的条件下进行现场爆破漏斗试验和声波测定

所获得，然后计算出岩石爆破性指数，综合评价岩石的爆破性，并进行岩石爆破性分级。

8.2　岩石爆破性指数

　　根据模拟温度条件使用现场岩样区分节理产状进行的爆破漏斗体积、大块率、平均合格率统计数据，现场实测和模拟条件试验数据计算的多节理冻岩岩体波阻抗，运用数理统计的多元回归分析、运算，最终求得岩石爆破性指数。

$$N = \frac{1.01 \ln e^{67.22} K_1^{7.42} (\rho c)^{2.03}}{e^{38.44V} K_2^{1.89} K_3^{4.75}} \mu$$

式中：V 为岩石爆破漏斗体积，m^3；K_1 为大块率；K_2 为平均合格率；K_3 为小块率；(ρc) 为岩体波阻抗，$kPa \cdot s/m$；μ 为爆破漏斗试验规模的影响系数；e 为自然对数之底，e＝2.72。

第 9 章

高寒地区多节理、硬岩水电站坝料爆破直采应对措施研究

9.1 设计施工原则

9.1.1 设计原则

高寒地区多节理、硬岩水电站坝料爆破直采定量化设计遵循原则如下：

（1）环境条件现场调查。

（2）分台阶爆破直采，小直径深孔松动爆破。

（3）分段装药，缓冲、预裂爆破。

（4）逐孔起爆。

（5）明确划分基于节理、温度的爆破性分级设计。

（6）爆堆定向、定距移动和堆置，避免后冲和达到适合的块度分布。

（7）基于保留岩体的微震爆破，爆破振动质点速度、频率与作用时间控制在允许范围之内。

（8）爆破效果及效应的可预见。

（9）经济上合理，在保证爆破效果的前提下，尽可能降低爆破直采成本，工程进度快。

（10）在保证爆破效果的前提下，尽量方便施工。

9.1.2 施工原则

高寒地区多节理、硬岩水电站坝料爆破直采施工组织执行原则如下：

（1）严格按照设计要求执行现行施工规范和验收标准，正确组

织施工，确保工程的质量、进度。

（2）根据施工能力、经济实力、技术水平，坚持科学组织，合理安排，均衡生产，平行作业，确保高速度、高质量、高效率完成工程的建设。

（3）施工全过程严格管理的原则，在工序施工中，按设计施工，并严格执行监理工程师的指令，尊重监理意见，严格管理。

（4）专业化作业与综合管理相结合的原则，在施工组织方面，以专业队为基础作业形式，充分发挥专业人员和专用设备的优势，同时采取综合管理手段，合理调配，以达到整体优化的目的。

9.2 施工方案及主要内容

9.2.1 进行施工前的地质调查

爆破前，由爆破相关人员对爆区节理裂隙和孔内温度进行调查，形成文字和图片资料。

施工前要详细调查现场节理和岩温条件的内容：

（1）节理类型、产状、分布数量。

（2）孔内温度。

（3）节理和低温岩体荷载分布和受力情况。

（4）节理和低温岩体纵波传播规律。

（5）节理产状和坝料爆破直采工作面的关系。

（6）其他特殊条件。

9.2.2 施工工艺流程

爆破工艺流程如图 9.1 所示。

图 9.1 爆破工艺流程

9.2.2.1 钻孔

（1）现场布孔。钻孔前必须根据设计方案及待开挖岩体的实际情况，由施工人员根据设计提供的孔网参数进行现场布孔。

（2）钻孔作业。钻孔必须按设计的位置、方向和角度进行作业。钻孔必须钻够设计孔深，保持底面在同一平面上。钻孔完成后，将孔内岩粉吹干净。

（3）钻孔尺寸。精度误差必须符合设计要求。即孔位误差控制在 5% 以内，角度误差控制在小于 3°，孔深误差控制在 30cm 以内。

（4）检查。钻孔完毕后，由爆破专职技术人员，爆破员对其孔进行检查，量孔深，不合格炮孔要进行补钻，做好记录，每孔设置记录标签，并在钻孔记录上签字。

（5）钻孔保护。钻孔完成后，经检查符合设计孔深，应进行保护，防止雨水流入孔内或岩块落入孔内，造成塌孔或堵孔。

（6）孔内排水。装药前发现孔内有水，应进行孔内排水工作，排水方法用高压风管插入孔内吹水。

9.2.2.2　装药

（1）装药前认真检查爆破器材质量，选择一个安全地带对不同段别的雷管进行试验，对起爆网路进行等效模拟试验。

（2）装药前应根据本次爆破所钻米数进行装药量调整，并在图纸上明确每只炮孔的编号、孔深、雷管段别、装药量等，并在装药前对装药炮孔进行检查，当孔内有水时，应进行孔内排水作业，炮孔排水后方可进行装药。孔内积水（渗水）无法排净时，应丈量水的埋深，并采用具有防水功能的胶质炸药，装药另采取具体的操作工艺，确保炸药装到位，以防起爆拒爆。

（3）孔内孔温太高时，不许立即装药作业，需待孔温降至正常后方可装药。

（4）装药作业必须依照爆破设计提供的装药密度装药，当炮孔与设计不符时，爆破技术人员应重新计算装药密度。

（5）装药时严禁使用金属棒捣密炸药并保证雷管脚线不被捣断，装药时应保护好起爆雷管脚线。

（6）过期失效的火工品，不得用于爆破作业。

（7）炮孔堵塞长度必须依照爆破设计进行。

（8）堵塞介质采用黏性塑性黄土或黏土结合物（砂黏土），确保堵塞质量。

9.2.2.3 爆药包的加工

（1）起爆药包工加工应在爆破作业点附近安全地点进行，起爆药包的加工数量不超过本次起爆所需的数量。若有多余应在现场进行处理，及时将雷管与炸药分开或装入孔内销毁。

（2）在起爆药卷上扎孔时严禁使用金属工具。

（3）雷管必须全部插入药卷中不许外露，并用胶布固定。

（4）在潮湿或有冰水的地点爆破时，特别注意起爆药包的防水处理或使用具有防水性能的乳化炸药。

9.2.2.4 堵塞

（1）堵塞材料采用钻孔岩屑、黏土、岩粉等进行堵塞。

（2）堵塞长度严格按照爆破设计进行，不得自行增加药量或改变堵塞长度，如需调整，应征得现场技术人员和监理工程师的同意并做好变更记录。

（3）按设计要求的堵塞方法，分层填实。

（4）堵塞时应防止堵塞悬空，保证堵塞材料的密实。

（5）不得将导线拉得过紧，防止被砸断、破损。

9.2.2.5 爆破网路敷设

（1）爆破作业均采用毫秒导爆管爆破网路，起爆器起爆。

（2）进行起爆网路联线作业时，必须按爆破设计提供的网路图进行联网。

（3）联网完毕后，要严格认真检查，避免因漏联、错联从而影响准确起爆。

（4）联线用的导爆管管壁应无破孔和明显的划痕；管内应无可见的堵药、断药现象。

（5）传爆雷管与相连的导爆管必须反向连接，传爆雷管与导爆管联结交接处必须使导爆管均匀布在雷管外部，导爆管尾部应留在15cm 以上。导爆管网路中不得有死结，孔内不得有接头。连好后雷管处用塑料袋、纸壳等覆盖，避免雷管爆炸飞片击伤起爆网路。用于同一工作面的导爆管雷管应是同厂同批号产品。

（6）导爆管雷管网路连接后只准一人检查，检查时不得破坏网路，并从爆区一端逐步进行。

9.2.2.6 爆后检查

爆破作业结束后，经过规程允许的等待时间后由爆破员、安全员对作业区进行认真检查，检查内容如下：

（1）检查附近水电系统及建（构）筑物是否受到破坏。

（2）爆破作业引起的不良地质现象（如滑坡、断层）要标明位置，设置醒目标志。

（3）爆堆是否稳定，有无危石、滚石和滑坡征兆。

（4）空气中有毒、有害物质浓度是否超标。

（5）检查有无盲炮或残余炸药燃烧。

（6）定期检查爆堆的安定性以防爆堆滑落造成意外。

（7）爆破后，爆破作业人员、技术人员要详细填写爆破记录。

9.2.3 施工部署与准备

9.2.3.1 施工总体部署

在保障工程质量与安全的前提下，为了加快施工进度、控制工程工期，尽可能实施平行、交叉作业，创造多个平行作业工作面，形成多点作业、高效有序的施工局面。先对即将进行爆破作业的区域进行清理，采用反铲挖掘，使其能满足钻孔设备作业的需要。后进行测量放线，确定钻孔作业的范围、深度，预防越爆。

9.2.3.2 施工技术准备

（1）爆破实施前，组织有关技术人员进行现场细化实勘，会同监理工程师对基准点、爆破周围环境进行测量、校核。

（2）技术交底准备：细化施工组织设计，做好详细的施工技术交底，熟悉爆破器材基本性能及操作规程，确保各项工程顺利开工。配备规定的技术规范，配齐各种工程报告单和各种质量评定表，建立技术档案，专人负责，有序管理。

（3）编制工程质量计划，对特殊过程进行重点控制，严格按计划实施。

9.2.3.3　施工测量

测量人员根据业主或土地平整方案提供的定位桩和水准点，经复测并签证后作为引测控制导线网的起始依据。先布设控制导线，后局部测设定位。测量仪器在使用前应进行检测、标定，以确保施工测设精度。严格按《工程测量规范》（GB 50026—2007）组织实施测量工作。

（1）测量方法。根据工程方案和施工图纸，确定现场场平施工边界线，并根据边界线的实际标高，确定其边坡系数和边坡长度，确保施工的机械安全和人员安全。复测其标高和各项技术指标是否与实际相符，从而确定施工部署是否满足工程需要。

（2）布设控制网。利用测量资料，用小三角或导线测量法，建立控制网，控制点的高程应满足定位精度的要求。控制网布设程序如下：

1）对测量资料进行复查，计算核实是否正确。

2）核定无误后，根据施工工程范围，在平面图上布设测量控制网点。

3）现场布设控制网点，进行造标埋石（埋石刻"十"字），对图纸上不合适的点位，根据现场实际情况确定，并用全站仪进行角度、边长测量。

4）外业测量任务完成后，进行严密平差，取得控制网点的成果（坐标、高程）。

（3）控制网布设原则。

1）精度应满足设计精度要求。

2）控制点应便于施工放线的使用。

3）控制点应稳定，便于保护。

4）应清除控制点周围的杂草树木，以利测量仪器架设和测量通视。

9.2.4　组织机构

根据工程和爆破施工特点，计划安排劳动力，其中包括管理人员、其他人员，需要列出劳动力投入计划表。

9.2.4.1 爆破工作人员具备条件

（1）爆破工作领导人、爆破工程技术人员应由经过爆破安全技术培训考试合格的工程师、技术员担任。

（2）爆破班长应由经验丰富的爆破员担任。

（3）爆破员应年满18周岁；具有高中以上文化程度；工作认真负责；从事过1年以上与爆破作业有关的工作。

（4）取得"爆破员作业证"的新爆破员，应在有经验的爆破员指导下实习3个月后，方准独立进行爆破工作。

9.2.4.2 爆破领导人的职责

（1）主持制定爆破工程的全面工作计划，并负责实施。

（2）组织爆破业务，爆破安全的培训工作和审查、考核爆破工作人员与爆破器材库管理人员。

（3）监督本单位爆破工作人员执行安全规章制度。组织领导安全检查，确保工程质量。

（4）组织领导重大爆破工程的设计、施工和总结工作。

（5）主持制定重大或特殊爆破工程的安全操作细则及相应的管理条例。

（6）参加本单位爆破事故的调查和处理。

9.2.5 主要器材和设备

根据爆破工程量、地层地质条件、低温分级、爆破设计方案，确定主要爆破器材和施工机械设备，附表说明。

9.2.6 爆破施工安全管理

9.2.6.1 设备安全防护

爆区周围的所有移动设备，必须在指定时间内移至安全区域，无法移走的设备必须进行有效防护。

9.2.6.2 安全警戒及讯号标志

为确保爆破时人员安全，爆破飞石抛掷方向，设爆破安全警戒距离为300m，设置安全警戒岗位点，并人员通行通道增设警戒岗哨。同时爆破工程技术员根据现场实际情况可实时确定增、减岗哨。

施工之前，在所有警戒点和主要道路应设置警戒牌，将此次爆破的起爆时间、地点、规模、警戒范围、人员和设备撤离时间、方式、地点及起爆信号等有关事项以书面的形式通知有关部门、附近居民及相关人员，并以布告方式张贴在各主要路口或便于看到的地方，做到家喻户晓。

根据设计圈定的人员警戒圈，爆破起爆前 30min 确保所用警戒人员到达指定警戒点，手持小红旗，戴好安全帽，各交通要道设立岗哨或路障，竖起爆破警示牌，严禁车辆和人员进入警戒区域内，并使爆区内的施工人员和可移动设备撤出。

9.2.6.3　起爆信号

起爆信号采用手持式警报器。

第一次信号：预告信号，预示无关人员马上撤出危险区，同时向各岗哨点增派警戒人员；

第二次信号：起爆信号，在起爆前 1min 发出各工作站进入工作状态，现场指挥开始命令合闸起爆；

第三次信号：解除信号，起爆后约 15min、经安全检查后发出。

9.2.6.4　事故预防措施

（1）爆破作业人员的培训。参与爆破工作的所有人员，必须进行技术培训，考试合格方能上岗，否则，一律不得进入施工现场。

（2）施工质量。严格按照《爆破安全规程》（GB 6722—2014）进行施工组织管理，保证施工安全与质量。

第10章

荒沟水电站堆石坝坝料爆破直采施工技术研究及工程实践

10.1 概述

10.1.1 工程概况

中国水利水电第三工程局有限公司荒沟抽水蓄能电站项目位于黑龙江省海林市境内，地处高寒山区，极端最低气温可达−45.2℃，坝基最大冻土厚度在1.91m。建设电站属大Ⅰ等大（1）型工程，电站装机容量1200MW，上水库总库容1161万m³，下水库利用已建莲花水电站水库。电站枢纽建筑物主要由主坝、副坝、输水系统和地下厂房等组成。

主坝为混凝土面板堆石坝，坝顶长750m，最大坝高83m，基础建于基岩上，主坝坝基和两岸坝肩采用灌浆帷幕防渗。副坝为厚心墙土石坝，最大坝高8.50m，坝顶长度156.75m，布置在库尾河口沟的垭口部位，基础建于覆盖层上，副坝坝基采用混凝土防渗结合灌浆帷幕防渗。在上下水库之间的山体中布置输水发电系统。输水系统采用两洞四机布置，全长约3000m，包括引水系统和尾水系统。引水系统由上水库进（出）水口、引水低压隧洞、引水调压井、高压隧洞、引水洞岔管和引水支洞组成。尾水系统由尾水支洞、尾水洞岔管、尾水调压井、尾调通风洞和下水库进（出）口组成。下水库进（出）水口205m高程以下已经建成。

上水库区左岸岸坡石料场位于上水库左岸，运距近，交通便利，但需修路。面积15.9万m²，地面高程635～690m，石料开挖底高程630～634m，自然坡度一般为10°～18°，第四系覆盖层普遍存在于岸坡表部，由碎、块石及孤石组成，厚度一般 1～3m。岸坡植被发育，林木茂盛。料场地表普遍分布一层崩塌堆积的块石孤石层，块径大小不一，分布杂乱无章，一般块径 1～5m，最大 10m 以上。基岩为白岗花岗岩，弱风化以下岩石坚硬，抗压强度较高。该料场靠近沟底部位无用层变厚，有用层变薄。开挖底高程 634m 时无用层平均厚度 7.84m，有用层平均厚度 23.32m，石料储量 292.32 万 m³；开挖底高程 630m 时无用层平均厚度 8.12m，有用层平均厚度 24.12m，石料储量 341.80 万 m³。其指标均可满足质量要求，见表 10.1。黑龙江省荒沟抽水蓄能电站堆石坝上料场从 2016 年 6 月开始爆破开挖，目前已累计开挖 150 万 m³。经现场实际爆破开挖揭露显示，料场石料均为中粗粒白岗花岗岩，矿物颗粒较大，局部晶体相对较差，岩质较为坚硬。目前料场开采区三个平台之间形成两个高约 10m 临时边坡。

表 10.1　　　　　上水库区左岸岸坡石料场白岗花岗岩
物理力学性质实验数据

取值	岩石的物理性质								单轴抗压强度/MPa			软化系数 η	冻融		变形	
	密度 ρ/(kg/m³)			比重 G_s	孔隙率	紧密度	自然吸水率 ω_a	饱和吸水率 ω_s	烘干	饱和	冻融		系数 K_f	损失率 L_f	弹性模量 E /GPa	泊松比 μ
	天然密度 ρ_0	烘干密度 ρ_d	饱和密度 ρ_S													
最大值	2.61	2.60	2.62	2.67	3.03	98.11	0.62	98	68	48	0.74	0.70	0.08	28.5	0.26	98
最小值	2.57	2.56	2.58	2.64	1.89	96.97	0.31	78	55	37	0.71	0.66	0.01	21.7	0.23	78
平均值	2.59	2.58	2.60	2.65	2.53	97.47	0.44	89	61	42	0.72	0.69	0.03	25.5	0.25	89

10.1.2　区域地质特征

10.1.2.1　自然地理特征

1. 地形地貌

上水库主坝坝址位于八十七沟上部。筑坝地段沟谷呈浅 "U" 字形，正常蓄水位处谷宽约 690m。左岸山体比高 100～160m，坡度 10°～25°，右岸山体比高 65～70m，坡度 10°～20°，局部为陡崖。高程 670.00m 以下常见崩塌堆积，沟底局部为沼泽湿地。

2. 气象特征

海林市属寒温带大陆性季风气候,四季分明,气候宜人,无霜期短。春秋季短、气候多变,夏季高温多雨,冬季漫长而寒冷。年平均气温 4.4℃,历年极端最低、最高气温分别为 －45.2℃ 和 37.6℃。降水充沛,但分布不均,年平均降雨量 540mm。年平均日照 2356.6h。年平均风速 1.7m/s,最多风向为西北风。横跨二、三、四积温带,平均活动积温 2100～2500℃,无霜期年均 131d,年均降水 540mm。

10.1.2.2 区域构造特征

本区位于张广才岭北部,属构造侵蚀中低山地及河流山谷间的小型构造盆地地形。区内出露的地层,主要为下元古界的变质岩,零星分布有中生界侏罗系的火山岩,并有大面积元古代混合花岗岩、华力西晚期白岗花岗岩及燕山期花岗岩侵入体。地表覆盖有第四系松散堆积层。

在大地构造上,本区处于天山—兴安地槽褶皱区吉黑褶皱系张广才岭隆起带。系一相对稳定的地块。区内构造以断裂构造为主,发育较早的为近南北向构造,燕山运动时期,形成北北东向断裂,同时出现了近东西、北东、北西向断裂。区内控制性构造,为近南北向的牡丹江断裂,断裂带经过的河谷两岸地貌未发现有明显差异,上覆第四系松散层未发现有差异错动,相对看,区域构造是稳定的。

10.1.2.3 断裂构造的基本特征

左岸自然边坡坡度高程 670.00m 以下一般 3°～14°,高程 670.00m 以上一般 18°～29°,局部呈陡壁。库岸植被十分发育,林木茂密。构成库岸的岩石均为华力西晚期的白岗花岗岩。

位于上水库左岸的库内堆石料场,距坝轴线 280m 左右,长度约 683m,地面高程 635.00～690.00m,地形坡度一般为 10°～18°,覆盖层厚度 1～3m。所遇断层多与岸坡交角较大,倾角较陡。

据库区左岸地质测绘及探槽、钻孔揭露,左岸白岗花岗岩中节理大体可分为两组:

(1) 走向 N10°~30°W，倾向 NE 或 SW，倾角 60°~80°。

(2) 走向 N75°~90°E，倾向 NW，倾角 60°~70°。

节理多数延伸不长，个别可长达十余米。在山坡表部裂隙多张开，宽 1~3mm，充填岩屑及泥质，至弱风化带以下的较深部位，节理不甚发育，多趋闭合或为钙质充填。断层发育部位，常形成节理密集带。左岸岸坡从上游至下游，走向大致由 N65°W 转为 N15°E。边坡走向与主要节理走向交角较大，对边坡稳定影响不大。

10.1.3 地质特征

10.1.3.1 地层岩性

1. 坝址区基岩

坝址区基岩为华力西晚期白岗花岗岩，后期穿插有花岗斑岩岩脉。白岗花岗岩岩质坚硬，抗风化能力强，新鲜岩石饱和抗压强度达 124MPa。花岗斑岩岩脉一般宽度为 0.6~2.9m，最大为 7m 左右，岩质坚硬，抗风化能力强，与围岩呈混熔接触。全风化岩较厚，可分为土状全风化和砂状全风化两层。白岗花岗岩土状全风化（第⑤层）覆盖于沟底砂状全风化岩上，分布连续，均一性较差，呈土状。粗粒含量约占 60%。黏粒、粉粒含量约占 40%，饱和，呈可塑~硬塑状。层厚一般 2~23m，为坝基的主要土层。

2. 第四系松散层

第四系松散层分布于沟底及两岸山坡，厚度随地貌单元的不同而有所差异。据坑孔资料，两侧山坡覆盖层厚 2~6m，主要为坡积、崩塌堆积层 (Q^{dl+col})；沟底覆盖层厚一般 2~8m，主要为沼泽、冲积堆积层 (Q^{f+al})；地表广泛分布有腐殖土，厚度 0.2~1.5m。现自上而下分述如下：

第①层，碎石混合土：碎石含量占 20%~30%，余为可塑状的粉土，层厚 0.5~4.5m，分布于沟底 ZK74 孔附近。

第②层，混合土碎石：碎石含量占 60%~70%，余为粉土，层厚 1~3m，分布于右岸山坡。

第③层，碎、块石：碎块石及孤石含量占 80%~90%，局部具架空结构，余为粉土。层厚 2~7m，分布于山坡及沟底。

第④层，含砾的高液限黏土：黏土饱和，富含有机质，有臭味，呈软塑～可塑状，砾粒含量占 10％～20％，局部含砂及碎石。该层土属中～高压缩性土，层厚 0.5～7m，分布于沟底沼泽地。

10.1.3.2 地质构造

1. 断层

坝址区已发现的有 F_5、F_{13}、F_{14}、F_{16}、F_{16-1}、F_{52}、F_{53} 等断层，走向以近南北向为主，其次为近东西向，宽度一般为 0.5～3m，其中规模较大的为 F_5 断层，走向 N10°～20°W，倾向 NE，倾角 74°～85°，破碎带宽 1～5m，主要为碎裂岩及岩屑夹泥组成。各断层的产状、规模、性状等见表 10.2。坝址区岩脉的产状、规模、性状等见表 10.3。

表 10.2　　　　　　　　　上水库坝址区主要断层

编号	产状			宽度/m	性质	构造岩特性
	走向	倾向	倾角			
F_4	N5°W	SW	74°	2.20	逆断层	组成物为碎裂岩及岩屑夹泥，其中岩屑夹泥厚 5～20cm，不连续。断层面较平直，稍粗糙
F_5	N10°～20°W	NE	74°～85°	1.00～5.00	逆断层	组成物为碎裂岩及岩屑夹泥，其中岩屑夹泥厚 3～10cm，不连续。断层面稍弯曲，较粗糙
F_6	N15°	W	NE40°～50°	2.40	逆断层	组成物为岩屑夹泥，其中岩屑夹泥厚 5cm，不连续。断层面较平直，稍粗糙
F_{12}	N80°	W	NE80°	0.50	正断层	组成物为碎裂岩及岩屑。断层面粗糙不平
F_{13}	N70°	W	SW80°～85°	0.50～1.00	正断层	组成物为碎裂岩及岩屑。断层面粗糙不平
F_{14}	N80°	W	NE80°～85°	1.00～2.00	正断层	组成物为碎裂岩及岩屑。断层面较平直，稍粗糙
F_{15}	N75°	W	SW85°	3.00～5.00	正断层	组成物为碎裂岩及岩屑。断层面粗糙不平

续表

编号	产 状			宽度 /m	性质	构造岩特性
	走向	倾向	倾角			
F_{16}	N10°～25°	E	SE60°～72°	1.20	逆断层	组成物为碎裂岩及岩屑夹泥，其中岩屑夹泥厚 5～10cm，不连续。断层面较平直，稍粗糙
F_{16-1}	N10°～30°	E	NW55°～70°	1.00～3.00	逆断层	组成物为碎裂岩及岩屑夹泥，断层面较平直
F_{52}	N85°	E	SE85°	0.30～0.50	正断层	组成物为碎裂岩及岩屑夹泥。断层面粗糙不平
F_{53}	N40°～50°	E	SE82°	0.50～1.00	平移断层	组成物为碎裂岩及岩屑。断层面较平直、稍粗糙
F_{60}	N0°～10°	E	NW80°～85°	1.00～2.50	性质不明	由三条小断层组成，每条宽 0.10～0.30cm，组成物为碎裂岩、断层泥、岩屑
F_{62}	N10°	W	SW65°	0.80	逆断层	组成物为岩石碎片及岩屑。断层面较平直光滑
F_{64}	N70°	W	SW80°～85°	0.50～1.00	性质不明	组成物为碎裂岩及岩屑夹泥

表 10.3　　　　　　　上水库坝址区岩脉说明表

编号	岩石名称	产 状			宽度 /m	构造岩特性
		走向	倾向	倾角		
$\gamma\pi_3$	花岗斑岩	N10°～20°	W	SW55°～65°	0.60～2.90	岩石较坚硬，节理较发育，与围岩呈熔融接触
$\gamma\pi_4$	花岗斑岩	N30°	E	SE80°	6.00～7.00	岩石较坚硬，节理较发育，与围岩呈熔融接触，局部为裂隙接触

2. 节理

白岗花岗岩中节理大体可分为四组：

（1）走向 N10°～25°W，倾向 NE 或 SW，倾角 70°～80°。

（2）走向 N5°～25°E，倾向 NW 或 SE，倾角 70°～85°。

（3）走向 N70°～85°W，倾向 NE 或 SW，倾角 80°～85°（少数

为 $30°\sim40°$)。

(4) 走向 $N75°\sim85°E$,倾向 NW,倾角 $5°\sim20°$。

其中以 i、ii 两组较发育,iii、iv 组次之。陡倾角节理连续性好,而缓倾角节理多被陡倾角节理所截,多数延伸不长,个别可长达十余米。在山坡表部裂隙多张开,宽 $1\sim3mm$,充填岩屑及泥质,至弱风化带以下的较深部位,节理不甚发育,多趋闭合或为钙质充填。断层发育部位,常形成节理密集带。

10.1.3.3 岩土的工程地质特性

1. 岩石的风化程度

岩石风化程度与地质构造、岩石的矿物成分、地下水循环密切相关,断层、节理切割促使岩体风化加深。坝址区白岗花岗岩受地质构造、岩石中石英矿物含量和地形环境等因素影响,各不同部位的风化厚度差异较大。一般在两岸山脊部位和斜坡地段风化较浅,沟底及 F_5 断层两侧风化较深。不同地段岩石风化厚度列于表 10.4。

表 10.4　　　　　　库址左岸岩石风化厚度

指　　标	分　带			
	全风化带		强风化带	弱风化带
	土状	砂状		
厚度/m	$1\sim10$	$1\sim2$	$1\sim3$	$10\sim15$

2. 岩石物理力学性质

坝址区岩性为白岗花岗岩,致密坚硬。弱风化岩石物理力学性质见表 10.5。

表 10.5　　　　　弱风化白岗花岗岩物理力学性质

岩类名称	比重	密度/(kN/m³)		孔隙率	单轴抗压强度/MPa		弹性模量/GPa
		饱和	烘干		饱和	烘干	
弱风化白岗花岗岩	2.63	25.30	25.50	1.71	110.9	69.1	37.69

弱风化白岗花岗岩比重 $2.62\sim2.64$,平均值 2.63;软化系数 $0.47\sim0.76$,平均值 0.63;单轴干抗压强度 $77.7\sim163.0MPa$,平

均值 110.9MPa；单轴饱和抗压强度 43.2～110.9MPa，平均值 69.1MPa；弹性模量 32.23～45.53GPa，平均值 37.69GPa。

主坝坝基左岸堆石区工程地质条件见表 10.6。

表 10.6　　　　　　主坝坝基左岸堆石区工程地质条件

项目	工 程 地 质 条 件
地形条件	地面高程 626.00～661.00m，地形坡度 7°～20°
覆盖层	厚度 5～7m。主要由碎块石及孤石组成
全风化白岗花岗岩	砂状全风化白岗花岗岩厚度 0～2m
强风化白岗花岗岩	厚度 1～4m
弱风化白岗花岗岩	厚度 10～20m
主要断层	无断层出露
地下水位埋深	4.5～24m

坝基主堆石区左岸坝段上部碎块石及孤石层工程地质条件不良，不宜作为坝基应予全部挖除。

10.1.4　水文地质

坝址区地下水按埋藏条件，分为孔隙潜水（局部承压）和基岩裂隙水，均受大气降水补给，向沟谷排泄。孔隙潜水，埋藏于沟底第四系松散层中，水位埋深一般为 2～4m，局部地段溢至地表，形成沼泽。

基岩裂隙水，赋存于基岩裂隙中，地下水位埋深 10～40m。据坝址两岸地下水位长期观测孔 ZK84（左岸）2011 年 11 月 5 日地下水位观测资料：左岸地下水位高程为 641.16m。汛期水位变化不大。岩体透水性自地表向下有逐渐减弱趋势，但部分地段由于受构造影响，岩体透水性变化较大。据室内渗透试验资料，砂状全风化带渗透系数为 2.31×10^{-3}～6.94×10^{-3}cm/s；强风化带试验资料较少，据钻孔压、注水试验资料，其渗透系数为 5.79×10^{-4}～1.16×10^{-3}cm/s；弱风化带透水率多数为 10～23Lu，少数为 44～56Lu；微风化带透水率一般小于 1Lu；F_5 断层两侧岩体透水率较大，多数为 10～56Lu。坝址区的地下水无色、无味、透明～半透明，地表水无色、无味、透明。坝址区地下水的化学类型为重碳酸钙钾镁水、地表水的化学类型为重碳酸硫酸钾钠钙水。

10.2　料场爆炸冲击加载节理破坏效应研究

10.2.1　半无限节理面反射及端部效应分析研究

在炸药爆炸动应力作用下半无限节理端部衍生翼裂纹扩展特征和节理面反射拉伸破坏效应，几何模型如图 10.1 所示。图 10.1 是 $R=5d$ 时节理不填充［见图 10.1（a）］、填充［见图 10.1（b）］和 $R=10d$ 时节理填充［见图 10.1（c）］3 种工况的节理面反射拉伸破坏状况和端部衍生翼裂纹扩展状况。结果表明：无论节理填充与否，节理面处均出现平行界面的反射拉伸裂纹，并与爆炸产生的径向放射裂纹相互作用，在炮孔与节理面之间形成裂纹密集破坏区。由于节理的几何不对称性，受反射拉伸效应的影响，裂纹区有由节理端部沿节理面向外扩展的趋势。比较图 10.1（a）和图 10.1（b）的结果表明，节理间无填充（空气）时反射拉伸破坏严重，这是因为该情况下爆炸应力波几乎全部在节理面处反射形成拉伸波，而节理内充填介质后，爆炸应力波一部分透过节理面进入到节理外侧的岩体内继续向外传播，只有部分反射形成拉伸波，节理内充填的弱介质性能与岩体越接近，反射拉伸效应越弱、透射波比重越大。两种情况均出现了端部衍生翼裂纹，当节理内充填介质时，由于透射波较强，端部区域岩体在透射波和绕射波的共同作用下翼裂纹扩展

（a）$R/d=5$，无充填　　　（b）$R/d=5$，充填　　　（c）$R/d=10$，充填

图 10.1　半无限节理对爆炸破裂效果的影响

更显著。

10.2.2　节理与炮孔间距对爆破裂纹扩展影响分析研究

以长节理、静应力垂直节理面情况为例，对节理面反射拉应力波引起岩体拉伸破坏效应和静应力对裂纹扩展影响进行研究。模拟了 R/d 分别 5、10、15、20、25 以及 σ_0 分别为 0MPa、5MPa、10MPa、20MPa、30MPa、40MPa 几种情况下花岗岩内含一条长节理爆破裂纹扩展过程，图 10.2 给出了 $R=10d$ 的岩体爆破裂纹扩展过程。

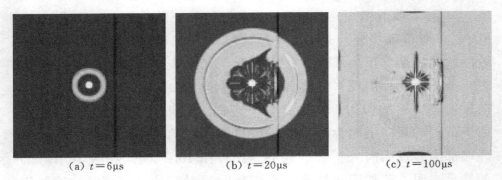

(a) $t=6\mu s$　　　　　(b) $t=20\mu s$　　　　　(c) $t=100\mu s$

图 10.2　含长节理岩体爆破过程

从图中可以看出，炸药爆炸后，爆炸应力波均匀向四周传播 [见图 10.2（a）]，当应力波遇到节理后，入射应力波分化为反射拉伸波和透射压应力波，应力值在节理面处出现了不连续，反射拉伸应力波使节理内侧岩体产生裂纹并向炮孔方向扩展，拉裂纹与径向裂纹交汇贯通，在节理内侧附近形成裂纹密集区。

透射波继续在岩体内传播 [见图 10.2（b）]，透射波没有在节理外侧岩体内产生新裂纹，由图可见，节理阻断径向裂纹的进一步扩展 [见图 10.2（c）]。

图 10.3 是 R 不同时爆破完成后岩体内形成的裂纹分布图形。结果表明：只有距离较小情况下少量爆炸主裂纹穿透了节理，但扩展长度较小 [见图 10.3（a）]，随着距离增大，节理完全阻断了爆炸主裂纹的扩展，但节理面处产生的反射拉伸应力波使爆源与节理间的岩体破坏程度明显加强，改善了该区域的爆破破岩效果 [见图 10.3（b）、图 10.3（c）]。节理的反射拉伸破坏效应随 R/d 增大而

逐渐减弱，当 R 达到 $15d$ 以上时，节理对爆破的影响消失 [图 10.3 (d)、图 10.3 (e)]。

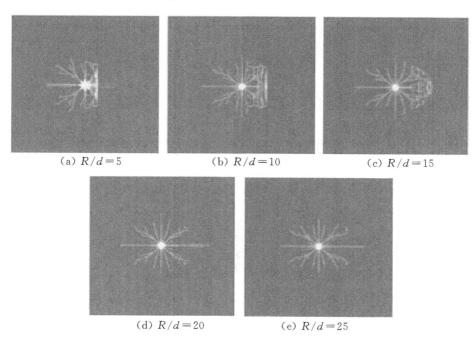

(a) $R/d=5$ (b) $R/d=10$ (c) $R/d=15$

(d) $R/d=20$ (e) $R/d=25$

图 10.3　节理位置对爆炸破裂效果的影响

10.2.3　静应力对爆破裂纹扩展影响分析

将爆破过程中节理处出现反射拉伸裂纹的爆源与节理间最大距离定义为极限距离 R_u，即当 $R>R_u$ 时，节理的反射拉伸破坏效应将消失。图 10.4 给出了 $R/d=15$ 时反射拉伸区随静应力变化的规律，由图可见，随静应力增大，反射拉伸破坏区形状并未发生明显变化，只是垂直静载荷方向的尺寸略有减小，导致反射拉伸破坏区的面积不断减小，但极限距离 R_u 并未因应力增大而减小。

10.2.4　节理端部衍生翼裂纹扩展特性分析

应力波在节理面处的反射和透射特性与入射角、节理面两侧材料物性、入射应力波波长及频率密切相关，关系复杂，即包含反射、透射波，还出现横、纵波形的转变。在保持节理长度、厚度和充填物不变的前提下，模拟了应力 σ_0 分别为 0MPa、10MPa、

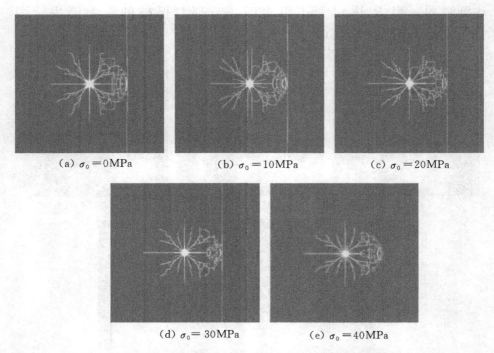

(a) $\sigma_0 = 0\text{MPa}$　　　　(b) $\sigma_0 = 10\text{MPa}$　　　　(c) $\sigma_0 = 20\text{MPa}$

(d) $\sigma_0 = 30\text{MPa}$　　　　(e) $\sigma_0 = 40\text{MPa}$

图 10.4　静应力对节理反射拉伸破坏效果的影响 （$R/d = 15$）

20MPa、30MPa 和 40MPa，入射角 α 分别为 0°、15°、30°、45°、60°、75°和 90°，共 35 中工况的爆破过程，具体结果见图 10.5、图 10.6，其中，炮孔与节理近端距离均为 $R = 15d$。

　　图 10.5 给出了入射角 $\alpha = 30°$、$\sigma_0 = 20\text{MPa}$ 时岩体的爆破过程。由图 10.5 可见，当应力波传播遇到短节理时，在节理两端部出现应力集中，同时改变了炮孔与节理近端岩体内的应力分布 ［见图

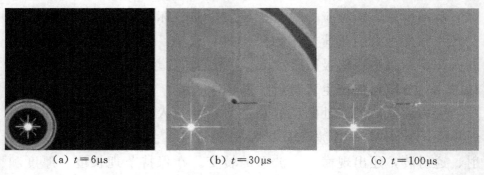

(a) $t = 6\mu\text{s}$　　　　(b) $t = 30\mu\text{s}$　　　　(c) $t = 100\mu\text{s}$

图 10.5　节理夹角 $\alpha = 30°$时的爆破过程

10.5（a）]。翼裂纹首先在节理远端产生并向外扩展 [见图10.5（b）]。近端翼裂纹出现略晚，出现后向炮孔方向扩展，与径向放射裂纹交汇贯通，形成新的裂纹分布网 [见图10.5（c）]。

10.2.5 入射角对节理端部衍生翼裂纹扩展影响分析

应力波入射角是影响节理衍生翼裂纹产生与扩展的主要因素，现以不施加静应力情况为例，进一步探讨入射角对节理岩体爆破的影响。图10.6（a1）~图10.6（g1）给出了应力为0时的爆破裂纹图样，结果表明，节理两端均出现衍生翼裂纹。近端翼裂纹向爆源方向扩展，与径向放射状裂纹相互贯通，不同程度地改善了节理与炮孔间岩体的破碎效果。远端翼裂纹向背离炮孔方向发展，随着入射角的改变，扩展路径出现明显差别：

（1）在0°~15°之间时，爆生径向裂纹、节理以及两端翼裂纹贯穿成一字型裂纹 [图10.6（a1）、图10.6（b1）]。

（2）在30°~75°之间时，远端衍生翼裂纹发生分叉扩展形成较大的新生裂纹区，称之为节理诱导破岩区，$\alpha=60°$时诱导破岩区裂纹分布均匀，面积最大 [图10.6（c1）~图10.6（f1）]。

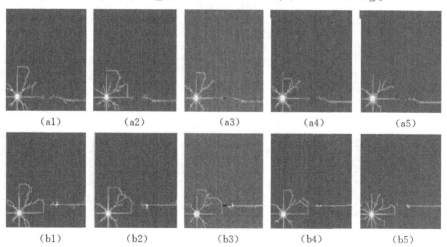

（a1）　　　（a2）　　　（a3）　　　（a4）　　　（a5）

（b1）　　　（b2）　　　（b3）　　　（b4）　　　（b5）

图10.6（一）　不同静应力、不同入射角情况下的爆破结果
图中：图（a）入射角0°，图（b）入射角15°，图（c）入射角30°，
图（d）入射角45°，图（f）入射角75°，图（g）入射角90°；
从1~5应力分别是0MPa、10MPa、20MPa、30MPa、40MPa

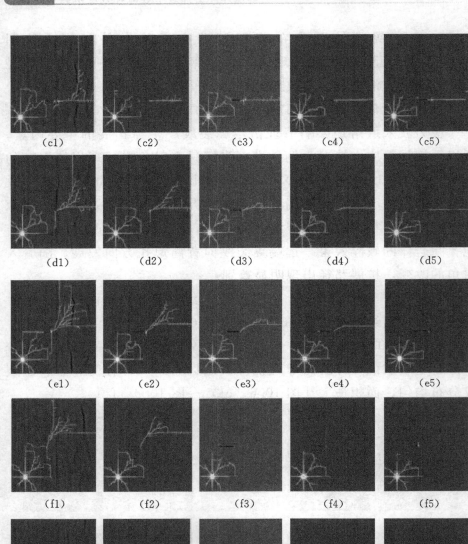

图 10.6（二）　不同静应力、不同入射角情况下的爆破结果

图中：图（a）入射角 0°，图（b）入射角 15°，图（c）入射角 30°，
图（d）入射角 45°，图（f）入射角 75°，图（g）入射角 90°；
从 1~5 应力分别是 0MPa、10MPa、20MPa、30MPa、40MPa

（3）接近 90°时，节理影响明显减弱，成为节理影响弱化区［图 10.6（g1）］。

上述结果表明，爆破设计时可通过优化炮孔布置方式和位置，通过调整入射角实现不同的爆破目的：

（1）入射角较小时（0°最佳），有利于炮孔间裂缝贯通，提高提高光面爆破、预裂爆破的效果。

（2）入射角在 30°～75°之间时（60°最佳），可充分利用节理的诱导破岩效应，扩大破岩范围，提高爆破效率。

（3）入射角接近 90°时，节理能够有效屏蔽径向裂纹的扩展，减小节理外岩体的损伤。

10.2.6 静应力对衍生翼裂纹影响分析

从图 10.6 可以看出，在入射角相同的情况下，随着静应力由 0MPa 增加到 40MPa，爆炸生成的径向裂纹区面积逐渐较小，但径向裂纹条数增加，密度增大，说明静应力增大使爆炸能量消耗更集中于炮孔周围较小范围内，使该区域岩体破碎更充分，但爆破量减少，也降低了爆破对周围岩体的损伤。而静应力对节理衍生翼裂纹产生与扩展的影响更复杂，且与入射角密切相关：与无静应力情况比较，当 $\sigma_0 = 10$MPa 时，同一节理产生的翼裂纹区面积明显减小，$\alpha = 60°$ 和 75°两种节理近爆源端的翼裂纹消失［见图 10.6（e2）、图 10.6（f2）］，$\alpha = 90°$ 节理的双侧翼裂纹均消失［见图 10.6（g2）］；当 $\sigma_0 = 20$MPa 时，远端翼裂纹的分叉基本消失，裂纹近似线型，$\alpha = 75°$ 节理的双侧翼裂纹均节理外岩体损伤。消失［见图 10.6（f3）］；当 $\sigma_0 = 30$MPa 时，$\alpha = 45°$ 节理近端翼裂纹消失［见图 10.6（d4）］；当 $\sigma_0 = 40$MPa 时，$\alpha = 30°$ 节理近端翼裂纹消失［见图 10.6（c5）］，$\alpha = 60°$ 节理的双侧衍生裂纹均消失［见图 10.6（e5）］。但入射角较小时（$\alpha = 0°$～15°），静压应力对由径向裂纹、节理和翼裂纹贯通形成的近似一字型裂纹的扩展影响不明显，最大主应力方向是爆破裂纹扩展的主导方向，因此，当入射角较小时静应力对节理衍生的一字型翼裂纹有促进作用。上述结果表明，在深部高静应力情况下，可根据岩体内节理分布状况和地应力水平进行爆破设计，适当提高炸药单耗，减小孔网参数，以取得预期破岩效果。

10.2.7　结论

（1）将节理充填介质作为线弹性材料，不考虑因爆破作用导致充填材料开裂与损伤引起的性能弱化，得到的结论是反射拉伸破坏的下限、透射波引起破坏的上限。

（2）长节理阻断了爆炸主裂纹的扩展，但节理面处产生的反射拉伸应力波使爆源与节理间的岩体破坏程度明显加强，改善了该区域的爆破破岩效果。节理的反射拉伸破坏效应随爆源与节理距离 R 增大而逐渐减弱，当 R 达到极限距离时，节理对爆破的影响消失，反射拉伸破坏区面积随静应力增大而减小。

（3）节理端部衍生翼裂纹明显影响爆破效果：

1）当入射角小于 30°时，爆生径向裂纹、节理和翼裂纹贯通形成一字型裂纹，有利于光面爆破、预裂爆破的裂纹形成与贯通。

2）当入射角在 30°~75°时，节理端部衍生翼裂纹分叉效应明显，导致爆破破坏区明显增大。因此，根据岩体内节理产状与分布规律合理布置炮孔，充分发挥短节理对裂纹的衍生诱导作用，提高爆破效率。

（4）静应力对节理岩体爆破影响显著：一方面使爆破主裂纹区的面积减小；另一方面抑制了节理端部翼裂纹的产生与扩展，只有当入射角较小时，静应力对一字型翼裂纹的产生与扩展起促进作用。

因此，在高静应力情况下，需提高炸药单耗，减小孔网参数，才能取得预期破岩效果。

节理裂隙对爆破效果的影响超过了岩体本身的物理力学性质；节理裂隙将岩体分裂成尺寸不一的天然岩块，影响爆破后块度分布；爆破块度的控制随着节理裂隙发育程度增大而变得很难实现。

10.3　冻岩爆破漏斗试验研究

根据利文斯顿爆破漏斗理论，反映冻土爆破性的因素有形变能系数，最佳单位炸药消耗量以及块度分布，为此进行系列爆破漏斗试验。

10.3.1　试验条件

10.3.1.1　岩样制备

试验岩样为中国水利水电第三工程局有限公司荒沟抽水蓄能电

站料场花岗岩，根据体积相似理论为原则加工试件尺寸为 200mm×200mm×200mm。

10.3.1.2 岩样指标

（1）－10℃、－20℃冷冻 24h。

（2）弱风化白岗花岗岩比重 2.62~2.64，平均值 2.63。

（3）软化系数 0.47~0.76，平均值 0.63。

（4）单轴干抗压强度 77.7~163.0MPa，平均值 110.9MPa。

（5）单轴饱和抗压强度 43.2~110.9MPa，平均值 69.1MPa。

（6）弹性模量 32.23~45.53GPa，平均值 37.69GPa。

（7）含水率为 8%。

10.3.1.3 试验炸药性能

使用 2 号岩石乳化炸药，该炸药的性能指标见表 10.7。

表 10.7　　　　　　　　试验炸药的性能指标

项目	殉爆距离 /cm	猛度 /mm	爆速 /(m/s)	密度 /(g/m³)	有效期		
					天数	有效期内	
						殉爆距离 /cm	爆速 /(m/s)
性能指标	≥3	≥12	≥3.2×10³	0.95~1.3	180	≥3	≥3.2×10³

10.3.2 试验与初步结论

10.3.2.1 试验流程

在规定的温度下，取出－10℃、－20℃温度冻岩试件，对冻岩试件钻眼深度从 100mm 开始，10mm 逐步加深，直到炸药爆炸内部作用为止，用细河砂堵塞炮眼，爆破后将漏斗残渣清理干净，用塑料薄膜隔水量取漏斗体积，直尺 90°旋转多次量取漏斗半径（取平均值）、漏斗深度。对爆破块度用石子分样筛筛选，取筛孔直径分别为 50mm、40mm、25mm、10mm、0mm，筛出 5 个等级分别称取重量。

10.3.2.2 试验数据

表 10.8 为试验最佳深度的漏斗参数。

表 10.8　冻岩爆破试验数据

试样名称	温度/℃	最佳深度/mm	临界深度/mm	漏斗参数			块度率									
				爆破漏斗体积V/(×10⁻⁶ m³)	爆破漏斗半径R/mm	爆破漏斗深度H/mm	0~10mm		10~25mm		25~40mm		40~50mm		>50mm	
							重量/g	%	重量/g	%	重量/g	%	重量/g	%	重量/g	%
L1	10	56	72	156	60	41	18	8.96	85	32	62	18.32	28	12.45	0	0
L2	-10	35	67	112	57	32	14	6.93	91	45.05	57	28.22	40	19.80	0	0
L3	-10	50	65	54	52.7	20	3	2.24	22	16.42	72	53.73	37	27.61	0	0
L4	-10	65	80	110	52	45	9	4.50	11	5.50	61	30.50	59.5	29.5	59.5	29.5
L6	-10	55	70	65	46	28	13	9.90	19	13.29	84	58.74	27	18.88	0	0
L7	-20	36	60	37	37	24	6	8.54	19	26.76	19	26.76	25	38.03	0	0
L8	-20	42	63	39	38	25	8	8.66	21	27.23	21	25.33	26	38.23	0	0
L9	-20	35	59	35	36	24	7	8.66	18	26.37	20	26.12	28	39.25	43.2	18.6

10.3.2.3　试验初步结论

根据冻岩爆破漏斗试验，冻岩抗压、抗拉强度及波速测定结果，得出如下结论：

（1）对冻岩在不同温度下的爆破漏斗试验可以看出，冻岩的爆破漏斗形成比较规则。冻岩的临界深度及最大漏斗体积随温度降低而减小，说明形变能系数随温度的降低而减小，单位炸药消耗量随温度降低而增大，即岩的爆破性随温度下降而难爆。

（2）冻岩的抗拉强度随温度的下降而增大，这和形变能系数、单位炸药消耗量反映冻岩爆破性顺序一致。说明冻岩的抗拉强度是影响冻土爆破性的主要因素。

（3）冻岩的抗压强度反映冻岩爆破性顺序由难到易为：$-20℃$、$-10℃$、室温（5～10℃）。它与形变能系数、单位炸药消耗量、抗拉强度反映冻岩爆破性基本一致。

（4）冻岩的纵、横波速反映冻岩爆破性顺序由难而易为：$-20℃$、$-10℃$、室温（5～10℃）。它与形变能系数、单位炸药消耗量反映冻岩爆破性基本一致。

（5）从冻岩最佳埋深爆破漏斗试验及块度分布分析可知，平均破碎块度基本较适中。总之，冻岩抗拉强度、单位炸药消耗量反映冻岩爆破性显著，冻岩抗压强度、纵横波速在一定程度上反映了冻岩的爆破性。

本书仅从三个温度水平冻岩实验室内进行的试验，得出的结论有待进一步完善。

10.3.3　漏斗爆破块度分析

回归分析结果见表10.9、表10.10。

表 10.9　　　　R-R 函数爆破块度回归分析结果表

温度	R-R 函数			相关系数	检验值	D_0/D_{50}
	D_0/mm	a	D_{50}/mm			
20℃	30.841	2.278	26.278	0.996	115.223	1.174
$-10℃$	40.685	1.728	32.910	0.999	616.220	1.236
$-20℃$	55.509	1.968	46.076	0.945	16.694	1.205
10℃	37.550	1.928	31.408	0.934	6.863	1.209

表 10.10　　　　G-G-S 函数爆破块度回归分析结果表

温度	G-G-S 函数			相关系数	检验值	D_0/D_{50}
	D_0/mm	a	D_{50}/mm			
20℃	45.082	1.679	29.831	0.982	52.689	1.509
10℃	51.779	1.498	32.599	0.998	509.750	1.588
−10℃	71.106	1.693	47.215	0.958	22.063	1.506
−20℃	51.735	1.542	33.000	0.974	32.216	1.567

从表 10.9、表 10.10 所示回归分析结果可以分析得到以下结论：

（1）R-R 分布函数中的两个分布参数 D_0、n 表征了块度分布的一些规律。从回归结果来看，D_0 大，相应地 D_{50} 也大，表明平均块度大；反之 D_0 小，D_{50} 也小。

$$n = \ln(\ln 2)/\ln(D_{50}/D_0)$$

即　　　　　　　　　$$D_0 = D_{50}/(0.693)^{1/n}$$

当 n 大时，D_0 小，相反，n 小时，D_0 大，但并非严格成反比例关系。D_0 与 D_{50} 的比值在 1.1～1.3 之间。

（2）G-G-S 分布函数中的两个分布参数 D_0，a 表征了块度分布的一些规律。从回归结果来看，D_0 大，相应地 D_{50} 也大；反之亦然。从回归结果看，D_0 与 D_{50} 的比值在 1.5～1.6 之间。a 值表征了破碎块度分布的均匀性，a 值越小，碎块的大块率增多。

（3）根据回归分析结果，D_{50} 最小者为−20℃花岗岩岩样，最大者为 20℃花岗岩岩样对 R-R 分布函数，n 值最大者为 10℃花岗岩岩样，最小值为−20℃花岗岩岩样。对 G-G-S 分布函数，a 值最大者为 10℃花岗岩岩样，最小者为−20℃花岗岩岩样。从相关系数和检验值来观察，冻结黏土的爆破块度分布较好地服从 R-R 分布函数，冻岩的爆破块度分布较好地服从 G-G-S 分布函数。

（4）2 号岩石乳化炸药的波阻抗为 39.8～40.9MPa/s，与 10℃

花岗岩岩样波阻抗相近，10℃花岗岩岩样的D_{50}为中等块度，其余的冻岩（－10℃、－20℃花岗岩岩样）的D_{50}块度尺寸偏大由于试验的炸药的种类、药量及装药结构相同，说明在爆破参数相同的情况下当炸药的波阻抗和介质的波阻抗相差较小时，爆破效果好。

10.4 冻岩力学性能试验研究

本次研究工作主要是关于荒沟电站料场具有代表性的地段取样（主要为花岗岩）进行模拟低温环境条件下（－10℃、－20℃）的力学试验。

10.4.1 低温条件下岩石单轴压缩试验

10.4.1.1 试验内容

模拟现场条件进行试验，试样模拟：含水状态饱和、横向裂隙、横纵向裂隙、纵横裂隙、室温条件（5~10℃）、－10℃、－20℃。

岩石试件状态见表10.11。

表 10.11　　　　　岩 石 试 样 状 态

岩样序号	尺寸/mm		含水状态	温度/℃	岩样序号	尺寸/mm		含水状态	温度/℃
	直径	高度				直径	高度		
S－1	49.00	100.00	饱和	室温	J－1	49.00	100.00	饱和	室温
S－2	49.00	100.00	饱和	－10	J－2	49.00	100.00	饱和	－10
S－3	49.00	100.00	饱和	－10	J－3	49.00	100.00	饱和	－10
S－4	49.00	100.00	饱和	－20	J－4	49.00	100.00	饱和	－20
S－5	49.00	100.00	饱和	－20	J－5	49.00	100.00	饱和	－20
P－1	49.00	100.00	干燥	室温					
P－2	49.00	100.00	饱和	－10	试样描述：采用圆柱体作为标准试件，直径为50mm±2mm、高径比为2∶1，其中：S编号试件近似表现为横向裂隙；P编号试件近似表现为横纵向裂隙；S编号试件近似表现为纵横裂隙				
P－3	49.00	100.00	饱和	－10					
P－4	49.00	100.00	饱和	－20					
P－5	49.00	100.00	饱和	－20					

10.4.1.2　试验结果

从试验结果从表 10.12 可以看出，水、温度对岩石的力学性质都有影响。

表 10.12　　　　　　　单 轴 压 缩 测 试 数 据

岩样序号	质量/g	密度/(g/cm³)	抗压强度/MPa	D/H	荷载/kN
S-1	504.50	2.80	105.64	0.51	274.5
S-2	531.70	2.82	105.12	0.51	276.32
S-3	530.70	2.82	100.21	0.51	281.54
S-4	532.50	2.83	114.74	0.51	291.66
S-5	527.60	2.80	105.50	0.51	387.33
P-1	530.70	2.82	109.14	0.51	243.41
P-2	532.50	2.82	108.61	0.51	261.25
P-3	527.60	2.83	102.75	0.51	283.24
P-4	504.50	2.82	110.10	0.51	320.6
P-5	531.70	2.82	112.39	0.51	390.12
J-1	504.50	2.80	105.64	0.51	217.95
J-2	531.70	2.82	103.12	0.51	263.45
J-3	530.70	2.82	111.58	0.51	283.12
J-4	532.50	2.83	114.33	0.51	196.64
J-5	527.60	2.80	123.59	0.51	383.73

（1）饱和强度小于干燥强度。岩石在饱和含水情况下，岩石软化，脆性降低，最高强度降低。

水具有连接贯通作用、润滑作用、水楔作用、孔隙压力作用、溶蚀及潜蚀作用。水对岩石力学性质的影响与岩石的孔隙性和水理性（吸水性、软化性、崩解性、膨胀性、抗冻性）有关。水对岩石力学性质的影响主要体现在 5 个方面：联结作用、润滑作用、水楔作用、孔隙压力作用、溶蚀及潜蚀作用。

（2）温度对岩石力学性质的影响。冻岩不是完全弹性体，在岩温较低的情况下，冻岩的弹性性能增强，在相同的应力水平下，冻岩的变形量随土温的降低而减小。弹性变形在总变形中所占比例却随岩温的降低而增大。冻土在外荷载作用下随载荷作用时间、大小及性质的不同而产生瞬时变形、长期变形和破坏变形。炸药在冻土中爆炸具有瞬时性和高强度特点随着温度的降低。

饱和状态下，随着温度的降低，在$-10\sim-20℃$范围岩石强度在下降，达到$-20℃$左右后，强度又有所增加。分析认为，温度的降低，岩石黏度降低，该岩石明显脆化，黏度不足以维持岩石高强度，出现强度降低的情况。

当温度降低到$-20℃$之后，综合影响下，爆破难度增加。

10.4.2 低温条件下岩石三轴压缩试验

10.4.2.1 试验内容

试验中分别对试件进行冷冻降温，在 $t=$ 室温（$5\sim10℃$）、$-10℃$、$-20℃$三种温度条件下和有效围压 $\sigma_3=0MPa$、$10MPa$ 和 $30MPa$ 三种情况进行试验。岩石试件塑封平稳地放入压力仓内，并向压力仓注满油，然后将压力仓密封；按拟定的某一围压级别或温度级别分别进行试验。加载时，在试件轴向按恒定的应变速率向试件施加压力，至试件破坏。达到岩石峰值强度后，伺服控制系统继续对岩石进行施压和记录试件在应变软化阶段的应力和变形，从而获得岩石三轴压缩试验的全应力-应变曲线。

岩石试样状态见表 10.13。

表 10.13　　　　　　　岩 石 试 样 状 态 表

岩样序号	尺寸/mm		温度/℃	岩样序号	尺寸/mm		温度/℃
	直径	高度			直径	高度	
0～10MPa	50.00	100.00	室温	20～50MPa	50.00	100.00	-20
0～30MPa	50.00	100.00	室温	10～10MPa	50.00	100.00	-10
0～50MPa	50.00	100.00	室温	10～30MPa	50.00	100.00	-10
20～10MPa	50.00	100.00	-20	10～50MPa	50.00	100.00	-10
20～30MPa	50.00	100.00	-20				

注　因为试件均由花岗岩岩质，所以顺序采取有效围压 $\sigma_3=10MPa$、$30MPa$、$50MPa$ 三种情况进行试验，不在分别进行测试。

10.4.2.2 试验结果

试验数据如表 10.14 所示，经过计算机处理后，可绘制出应力-应变曲线（见图 10.7）。

表 10.14　　　　　　　低温条件下岩石试样力学参数和
三轴压缩前、后纵波速度

试样编号	v_p/(m/s)	p/MPa	σ/MPa	ε^1/%	v_p/(m/s)	σ_c/MPa	$\overline{E}$/GPa
0~10	4736	40	185.6	3.95	2784	28.9	10.3
0~30	4774	40	65.3	3.54	3018	36.9	13.2
0~50	4861	40	184.1	2.46	3169	37.8	13.4
20~10	4804	40	184.5	1.97	3318	43.0	17.8
20~30	5010	40	185.5	1.51	4785	65.3	26.6
20~50	4800	40	185.0	2.95	3565	45.2	19.3
10~10	4671	40	193.0	2.84	2810	38.0	13.6
10~30	4478	20	131.7	2.08	2495	32.1	12.4
10~50	4529	20	132.7	1.47	2680	39.3	14.3

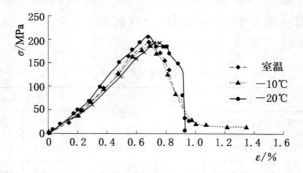

图 10.7　岩石试样应力-应变曲线

图 10.7 给出了不同温度下岩石试样的应力-应变曲线。从图 10.7 中看到，从室温～－20℃范围内，岩石试样的应力应变曲线主要表现为三个阶段，即：

（1）初始压密阶段，其曲线呈上凹型，随应力的增加，变形发展较快，这主要是由于岩石内的微裂隙在外力作用下发生闭合所致。

（2）近似线弹性变形阶段，这一阶段的曲线近似呈直线，应力应变呈比例关系，段的斜率即为平均切线弹性模量。

（3）破坏阶段。从室温～－20℃范围内，温度的变化对岩石试样的应力-应变曲线没有太大影响，岩石试样的破坏均表现为位于峰值应力点的脆性破坏。

岩石试样承载后发生的变形及破坏形态与其所处的温度环境密切相关，全应力-应变曲线在峰值前的斜率随着温度的降低而明显变化，破坏荷载降低，表现为岩石的刚度和强度均随温度的增大而降低。同时，随着温度的增加，岩石破坏后其残余强度值相对也降低。

岩石试样承载后发生的变形及破坏形态与其所处的地温环境密切相关，－10℃全应力-应变曲线，在峰值前的斜率随着温度的降低而明显变缓，破坏荷载降低，表现为岩石的刚度和强度均随温度的降低而降低；同时，随着温度的降低，岩石破坏后其残余强度值相对也降低。－20℃全应力-应变曲线，在峰值前的斜率随着温度的降低而明显变陡，破坏荷载增加，表现为岩石的刚度和强度均随温度的降低而增加；同时，随着温度的降低，岩石破坏后其残余强度值相对也增加。

经回归分析，试验表明，岩石试样经历低温后，在一定变化范围内动态模量低于静态模量，岩石试样的屈服应力越小，即岩石抗压强度越小。

小于－20℃变化范围内，温度对岩石力学性质受温度影响其岩石强度在降低。

大于－20℃变化范围内，温度对岩石力学性质受温度影响其岩石强度在增加。

岩石试样在不同温度下受到不同程度的损伤，再进行单轴压缩试验，讨论纵波速度、单轴强度、杨氏模量等参数与材料损伤之间的不同关系。

温度使得岩石力学性质发生变化的主要原因是，岩石矿物颗粒受到温度的作用，导致矿物颗粒间接触发生了变化，进而使得其强度发生变化。岩石的强度和弹性模量与温度因素之间密切相关。

10.4.3　低温条件下岩石的动力学性质分析研究

10.4.3.1　动力强度的影响

强度随应变速率增加而增加，随温度降低而增加。

结合之前试验研究表明，随着温度的降低，岩石强度在降低，达到−20℃左右后，强度增加。分析认为，温度的降低，岩石脆性增加，黏度降低。当温度降低到−20℃之后，该岩石强度明显增加，冰强度的增加，致使整个岩体对外表现为黏度增加，出现强度增加的情况。

爆破作用下，岩石的脆性破坏是主要的、大量的。即可说明低岩温时是荒沟电站料场（花岗岩）爆破效果的重要影响因素。

10.4.3.2　峰值应力 σ_p 变化特征

低温作用下岩石试样的峰值应力 σ_p 随温度 T 的变化规律如图 10.8 所示，图中的黑点为实测的数据点。

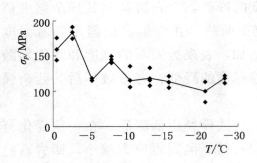

图 10.8　岩石试样峰值应力 σ_p 均值
随温度 T 的变化

如图 10.8 所示，岩石试件峰值应力均值随温度呈起伏状变化：

（1）室温～−5℃内岩石试件的峰值应力呈上升状态，初步推测是由于结构应力造成岩石内部裂隙闭合所致。

（2）−5～−20℃平均峰值应力发生突变性降低，从 180MPa 左右降低到 10MPa 左右，降低了约 30%，强度发生突变性降低。

（3）温度降至−20℃峰值应力从 10MPa 左右上升到 150MPa 左右，上升了约 15%。

从试验结果上看，岩石试件在各温度点峰值应力具有一定的离散性，总体上呈现随经历温度的升高而降低的趋势。

10.4.3.3 弹性模量 E 的变化特征

低温作用下岩石试件弹性模量随温度变化情况见图 10.9，从图中看出：

（1）岩石试件的弹性模量的分布离散性不大，表明岩石试件均匀性、致密性较好。岩石试件的弹性模量总体上随着温度升高而降低。

（2）岩石试件经历－20℃低温作用时，其弹性模量与室温相比，从 250GPa 下降到约 120GPa，降低幅度约 50%。

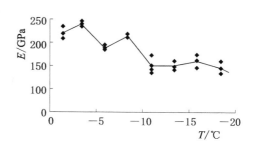

图 10.9　岩石试样弹性模量均值 E 随温度 T 的变化

由于弹性模量代表了岩石试件弹性阶段的变形性质，所以岩石试件在经历低温作用，温度对其弹性模量影响较大。

10.5　爆破振动监测

10.5.1　振动监测测点

冻岩实际爆破中测取的震动数据，经过线性回归得出的系数和指数经验值，可供使用时参考。与常温岩石爆破施工区别在于温度和地质条件因素的影响。

表 10.15　　2018 年 4 月 27 日爆破概况及爆破参数

爆破位置	上水库库周取料场			爆破时间	2018 年 4 月 27 日 17 时 44 分	
爆区范围	KE0＋360～KE0＋400			总装药量/kg	3672	
爆源坐标	5021476.98，552486.02，高程 645.00m			孔径/mm	90	
总炮孔数	65	孔深/m	2～3	装药深度/m	0.3～5	
主炮孔距/m	0.8/2.0×3.0	爆破方式	主爆	最大单响药量/kg	28	
岩石级别	—	炸药类型	2 号岩石乳化	起爆方式	逐孔起爆	

表 10.16   2018 年 4 月 27 日爆破振动监测点位置及坐标

监测点编号	监测点位置	埋设点介质	仪器编号	监测分量	监测坐标及高程
SKLC-01	上水库料场岩体	岩体	TC4850-3481	水平径向 水平切向 铅直向	5021449.50； 552460.46； 高程 645.49m
SKLC-02	上水库料场岩体	岩体	TC4850-3482	水平径向 水平切向 铅直向	5021436.93； 552472.20； 高程 645.48m
SKLC-03	上水库料场岩体	岩体	TC4850-8498	水平径向 水平切向 铅直向	5021491.31； 552412.37； 高程 644.97m
SKLC-04	上水库料场岩体	岩体	TC4850-8500	水平径向 水平切向 铅直向	5021447.65； 552481.77； 高程 645.55m
SKLC-05	上水库料场岩体	岩体	TC4850-8504	水平径向 水平切向 铅直向	5021463.64； 552462.04； 高程 645.31m

10.5.2 爆破振动监测数据

质点峰值振动速度见表 10.17。

表 10.17   2018 年 4 月 27 日爆破振动监测数据

监测点	最大单响药量/kg	埋设点介质	爆心距/m	振动方向	质点振动速度峰值/(cm/s)
SKLC-01	28	岩体	37	X	3.856
				Y	3.799
				Z	2.216
SKLC-02	28	岩体	42	X	3.928
				Y	3.800
				Z	2.811

续表

监测点	最大单响药量 /kg	埋设点介质	爆心距 /m	振动方向	质点振动速度 峰值/(cm/s)
SKLC - 03	28	岩体	75	X	2.381
				Y	1.818
				Z	2.543
SKLC - 04	28	岩体	29	X	10.858
				Y	7.322
				Z	10.743
SKLC - 05	28	岩体	27	X	10.639
				Y	8.219
				Z	5.789

10.5.3 振动监测波形图

各监测点的振动波形图见图 10.10~图 10.14。

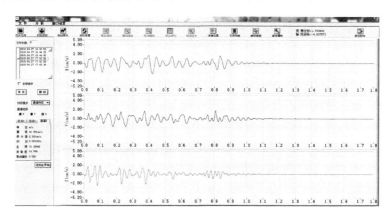

图 10.10 上水库料场岩体 SKLC - 01 监测点振动波形图

10.5.4 现场测振分析

从表、图中数据分析：

（1）SKLC - 01 爆破振动监测点最大振动速度峰值为 3.856cm/s。

（2）SKLC - 02 爆破振动监测点最大振动速度峰值为 3.928cm/s。

（3）SKLC - 03 爆破振动监测点最大振动速度峰值为 2.543cm/s。

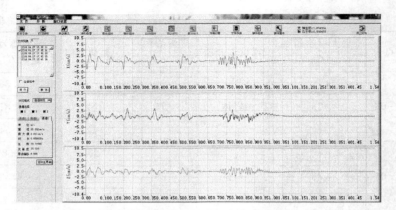

图 10.11　上水库料场岩体 SKLC‐02 监测点振动波形图

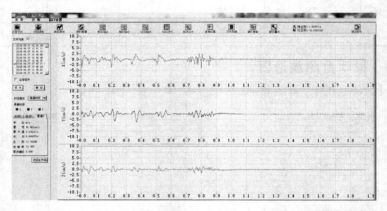

图 10.12　上水库料场岩体 SKLC‐03 监测点振动波形图

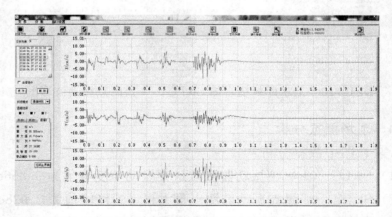

图 10.13　上水库料场岩体 SKLC‐04 监测点振动波形图

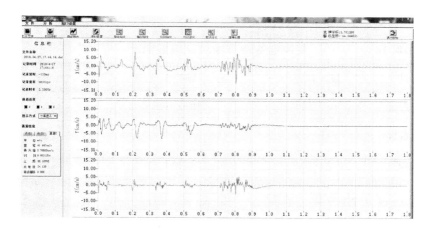

图 10.14　上水库料场岩体 SKLC - 05 监测点振动波形图

　(4) SKLC - 04 爆破振动监测点最大振动速度峰值为 10.858cm/s。

　(5) SKLC - 05 爆破振动监测点最大振动速度峰值为 10.639cm/s。

上水库料场 5 处岩体监测点爆破振动最大振动速度峰值为 10.858cm/s。

10.5.5　冻岩爆破振动效应分析

重复爆破作用的扰动，会导致冻岩中已有的裂隙累积性扩展。随着温度下降冰的体积在一定范围（0～－10℃）先膨胀，后压缩（－10～－20℃），冻岩中的多节理、裂隙中的水会冻结成更加致密的冰充填其中，冰和冻岩岩体波阻抗的差值比空气和冻岩岩体波阻抗的差值小，应力波传播能量会随温度降低衰减变缓，应力波传播速度会随温度降低而加速，这就意味着冻岩爆破时应力波对围岩的破坏强度也在增强。

10.6　爆破性分级

10.6.1　计算数据

荒沟电站堆石坝粒度级配标准见表 10.18。

露天台阶深孔爆破大块率一般要求不大于 5%，按照荒沟电站堆石坝粒度级配标准计算大块率 K_1＝5%，小块率 K_3＝5%（依据小于 0.075mm 颗粒含量 5% 计算），平均合格率 $K_2 = 1 - K_1 - K_3 = 90\%$。

表 10.18　　　　　　　荒沟电站堆石坝粒度级配标准

项目	最大粒径/mm	<5mm 颗粒含量/%	<0.075mm 颗粒含量/%
过渡层区	300	10～20	≤5
主堆石区	600	≤20	≤3
下游堆石区	800	≤20	≤5

岩石爆破性指数计算结果，见表 10.19。

表 10.19　　　　　　　岩石爆破性指数计算

节理类型	岩石温度/℃	纵波波速/(m/s)	密度/(kg/m³)	波阻抗/(kPa·s/m)	平均爆破漏斗体积/(×10⁻⁶ m³)	爆破性指数 N
垂直	5～10	5167	25.5	131758.5	156	38.63
	−10	4649	25.3	117619.7	65	52.95
	−20	2992	25.1	75099.2	36	77.25
水平	5～10	5392	26.1	140731.2	112	50.40
	−10	4819	25.8	124330.2	101	66.54
	−20	3646	24.3	88597.8	78	80.21
混合（横纵向或纵横向裂隙）	5～10	4985	24.3	121135.5	130	32.37
	−10	4362	23.1	100762.2	96	50.11
	−20	3162	22.2	70196.4	35	67.57

注　（水平节理）走向 N10°～30°W，倾向 NE 或 SW，倾角，60°～80°；（垂直节理）走向 N75°～90°E，倾向 NW，倾角 60°～70°；（混合节理）断层发育部位，常形成节理密集带，在山坡表部裂隙多张开，宽 1～3mm，充填岩屑及泥质，左岸岸坡从上游至下游，走向大致由 N65°W 转为 N15°E。

10.6.2　岩石分级结论

通过模量识别，结合现场调查，定出岩石爆破性分级表，见表 10.20 和表 10.21。

表 10.20 多节理、冻岩爆破性分级表

节理类型	岩石温度	单轴抗压强度（岩温条件下）/MPa	岩层概况	爆破性程度	爆破性指数 N
垂直	室温	152.14	节理连续，岩体较破碎	易爆	38.63
	−10℃	193.32		中等	52.95
	−20℃	203.59		很难爆	77.25
水平	室温	149.85	多被陡倾角节理所截，节理多数延伸不长，岩体较完整	中等	50.40
	−10℃	144.75		中上等	66.54
	−20℃	160.32		很难爆	80.21
混合	室温	152.36	节理裂隙较发育，岩体破碎，富水	易爆	32.37
	−10℃	158.17		中等	50.11
	−20℃	166.58		难爆	67.57

表 10.21 普氏分级与冻岩爆破性对比分级

普氏分级			爆破性指数 N	爆破性	等级	2 号硝铵炸药单耗 $q/(\text{kg/m}^3)$	乳化炸药单耗 $q/(\text{kg/m}^3)$
坚固性系数 f	等级	坚固程度					
20	I	最坚固	＞81	最难爆	1	8.3	9.01
					2	6.7	7.27
					3	5.3	5.75
18	II	很坚固	74.001～81	很难	4	4.2	4.56
15					5	3.8	4.13
12					6	3.0	3.26
10	III	坚固	68.001～74	难	7	2.4	2.61
8	IIIa				8	2.0	2.17
6	IV	相当坚固	60.001～68	中上等	9	1.5	1.63
5	IVa				10	1.25	1.36
4	V	中等	53.001～60	中等	11	1.0	1.09
3	Va				12	0.8	0.87

普氏分级			爆破性指数 N	爆破性	等级	2 号硝铵炸药单耗 $q/(kg/m^3)$	乳化炸药单耗 $q/(kg/m^3)$
坚固性系数 f	等级	坚固程度					
2	Ⅵ	相当软弱	46.001~53	中下等	13	0.6	0.65
1.5	Ⅵa				14	0.5	0.54
1.0	Ⅶ	软弱	38.001~46	易爆	15	0.4	0.43
0.8	Ⅶa		29.001~38		16	0.3	0.33
0.6	Ⅷ	土质	<29	不用爆	—	—	—
0.5	Ⅸ	松散					
0.3	Ⅹ	流沙					

注　须以实测岩温为权重进行修正。－20℃以上岩温爆破性等级增加一级使用参数。

对荒沟电站料场岩多节理、冻岩岩石的可爆性用普氏（苏氏）分级法和爆破性指数分级法的分级结果进行对比性分析，从表10.21 可知，后者的爆破性指数指标连续，易于操作。

通过分级结果发现，f 系数相同，岩体的可爆性可能不同；f 系数不同，岩体的可爆性可能相同。这说明，岩石的坚固性不能准确地表征岩体的可爆性。在特定条件（温度、节理）影响下，岩体的裂隙和结构会发生一定的变化，进而影响到岩体的力学性质，决定了岩体的破坏形式。特别是后者比前者分类的岩石爆破性等级相应低一级。这说明，裂隙长度和裂隙间距与爆破平均块度的关系密切，爆破性指数分级方法以岩体块度为主要指标，更适应于施工过程中面临的实际地质条件。

10.7　纵波波速测定

10.7.1　声波检测

2018 年 4 月 27 日对黑龙江荒沟抽水蓄能电站上水库料场岩体爆破孔进行单孔声波检测，旨在了解料场爆破区岩体完整性情况，为控制与优化爆破施工参数提供依据。

水库料场 A 区和 B 区共布置 12 只岩体爆破声波孔。各孔参数和检测内容详见表 10.22。

根据可研阶段的探测资料及经验，完整、新鲜白岗花岗岩的声波纵波速度取 6100m/s。根据《水电水利工程物探规程》（DL/T 5010—2005），岩体完整性评价标准见表 10.23。

表 10.22　　趾板建基面岩体声波测试完成情况一览表

区域	孔号	孔口高程 /m	坐标	单孔声波测试 /m
A 区	A－SKLC－01	652.75	5021425.38，552419.51	1.0～7.8
	A－SKLC－02	653.29	5021427.09，552424.09	1.0～8.4
	A－SKLC－03	653.11	5021420.82，552428.87	1.0～8.0
	A－SKLC－04	653.53	5021417.31，552426.71	0.8～8.6
	A－SKLC－05	652.84	5021416.27，552431.12	0.8～8.4
	A－SKLC－06	652.87	5021414.92，552433.61	0.6～8.0
B 区	B－SKLC－01	655.41	5021311.98，552622.88	0.6～11.0
	B－SKLC－02	655.74	5021308.52，552627.84	0.6～11.4
	B－SKLC－03	653.90	5021313.88，552627.50	0.6～10.0
	B－SKLC－04	653.29	5021316.20，552627.20	0.6～9.0
	B－SKLC－05	652.86	5021319.34，552625.01	0.6～8.6
	B－SKLC－06	652.09	5021321.91，552626.74	0.6～8.4
合　　计				98.8

表 10.23　　岩 体 完 整 性 分 类 表

k_v	$1 \geqslant k_v > 0.75$	$0.75 \geqslant k_v > 0.55$	$0.55 \geqslant k_v > 0.35$	$0.35 \geqslant k_v > 0.15$	$k_v \leqslant 0.15$
波速/(m/s)	$v_p \geqslant 5280$	$5280 \geqslant v_p > 4520$	$4520 \geqslant v_p > 3610$	$3610 \geqslant v_p > 2360$	$v_p \leqslant 2360$
完整性评价	完整	较完整	完整性差	较破碎	破碎

A 区完成 6 只孔，为 A－SKLC－01～A－SKLC－06 钻孔的声波测试，测试成果见表 10.24。

B 区完成 6 只孔，为 B-SKLC-01～B-SKLC-06 钻孔的声波测试，测试成果见表 10.25。

表 10.24 　　　　　　　　　A 区爆破孔声波测试成果表

孔号	孔深 /m	高程 /m	波速范围 /(m/s)	波速均值 /(m/s)	完整性 系数	完整性 评价
A-SKLC -01	1.0～1.4	651.8～651.4	2946～3284	3069		0.25	较破碎
	1.4～2.2	651.4～650.6	3617～4264	3851	0.4	完整性差
	2.2～2.6	650.6～650.2	3247～3571	3409	0.31	较破碎
	2.6～3.2	650.2～649.6	3663～4396	4108	0.45	完整性差
	3.2～3.8	649.6～649.0	2801～3322	3003	3953	0.24	较破碎
	3.8～4.4	649.0～648.4	4202～4464	4377	0.51	完整性差
	4.4～5.4	648.4～647.4	4608～4684	4669	0.59	较完整
	5.4～7.2	647.4～645.6	3322～4684	3928	0.41	完整性差
	7.2～7.8	645.6～645.0	4535～4684	4585	0.56	较完整
A-SKLC -02	1.0～1.2	652.3～652.1	2886～3008	2947	0.23	较破碎
	1.2～1.6	652.1～651.7	4535～4762	4649	0.58	较完整
	1.6～2.2	651.7～651.1	3040～3322	3167	0.27	较破碎
	2.2～2.8	651.1～650.5	3711～4329	4080	4379	0.45	完整性差
	2.8～4.2	650.5～649.1	4684～5495	5095	0.7	较完整
	4.2～4.8	649.1～648.5	3361～3484	3429	0.32	较破碎
	4.8～8.0	648.5～645.3	4608～4926	4704	0.59	较完整
	8.0～8.4	645.3～644.9	4024～4202	4113	0.45	完整性差
A-SKLC -03	1.0～1.6	652.1～651.5	3140～3361	3249	0.28	较破碎
	1.6～2.6	651.5～650.5	3663～5013	4609	0.57	较完整
	2.6～3.4	650.5～649.7	5291～5495	5392	0.78	完整
	3.4～5.4	649.7～647.7	4684～5495	5053	0.69	较完整
	5.4～5.8	647.7～647.3	3361～3484	3423	4551	0.31	较破碎
	5.8～6.6	647.3～646.5	4396～4762	4614	0.57	较完整
	6.6～7.0	646.5～646.1	3040～3140	3090	0.26	较破碎
	7.0～8.0	646.1～645.1	4684～5013	4845	0.63	较完整

孔号	孔深/m	高程/m	波速范围/(m/s)	波速均值/(m/s)	完整性系数	完整性评价
A－SKLC－04	0.8～1.0	652.7～652.5	2976～3008	2992		0.24	较破碎
	1.0～2.4	652.5～651.1	3759～4464	4163		0.47	完整性差
	2.4～3.0	651.1～650.5	4926～5102	4985		0.67	较完整
	3.0～3.6	650.5～649.9	2886～3527	3162		0.27	较破碎
	3.6～5.4	649.9～648.1	4535～5195	4906	4352	0.65	较完整
	5.4～6.2	648.1～647.3	3914～4329	4119		0.46	完整性差
	6.2～6.8	647.3～646.7	4684～5013	4819		0.62	较完整
	6.8～7.4	646.7～646.1	3571～4396	3909		0.41	完整性差
	7.4～8.2	646.1～645.3	4684～4843	4743		0.6	较完整
	8.2～8.6	645.3～644.9	4329～4396	4362		0.51	完整性差
A－SKLC－05	0.8～2.8	652.0～650.0	3284～4843	4478		0.54	完整性差
	2.8～4.4	650.0～648.4	4608～4843	4753	4646	0.61	较完整
	4.4～4.8	648.4～648.0	3210～3284	3247		0.28	较破碎
	4.8～8.4	648.0～644.4	4684～5195	4856		0.63	较完整
A－SKLC－06	0.6～0.8	652.3～652.1	3008～3247	3127		0.26	较破碎
	0.8～2.0	652.1～650.9	3968～4396	4226		0.48	完整性差
	2.0～4.2	650.9～648.7	4684～5013	4905	4535	0.65	较完整
	4.2～4.6	648.7～648.3	3210～4082	3646		0.36	完整性差
	4.6～8.0	648.3～644.9	4464～5013	4675		0.59	较完整

表 10.25　　　B 区爆破孔声波测试成果表

孔号	孔深/m	高程/m	波速范围/(m/s)	波速均值/(m/s)	完整性系数	完整性评价
B－SKLC－01	0.6～1.8	654.8～653.6	2915～3442	3132		0.26	较破碎
	1.8～2.2	653.6～653.2	3861～4024	3943		0.42	完整性差
	2.2～5.8	653.2～649.6	4464～5495	4970		0.66	较完整
	5.8～6.2	649.6～649.2	4082～4202	4142	4568	0.46	完整性差
	6.2～8.0	649.2～647.4	4608～5291	4906		0.65	较完整
	8.0～8.4	647.4～647.0	3914～3968	3941		0.42	完整性差
	8.4～11.0	647.0～644.4	4464～5102	4808		0.62	较完整

续表

孔号	孔深/m	高程/m	波速范围/(m/s)	波速均值/(m/s)	完整性系数	完整性评价
B-SKLC-02	0.6~0.8	655.1~654.9	3968~4202	4085		0.45	完整性差
	0.8~1.2	654.9~654.5	2829~3140	2984	0.24	较破碎
	1.2~1.8	654.5~653.9	3442~4329	3860	0.4	完整性差
	1.8~6.2	653.9~649.5	4396~5391	4904	4658	0.65	较完整
	6.2~7.0	649.5~648.7	3914~4464	4293	0.5	完整性差
	7.0~10.0	648.7~645.7	4202~5391	4919	0.65	较完整
	10.0~10.4	645.7~645.3	3711~3810	3760	0.38	完整性差
	10.4~11.4	645.3~644.3	3968~5495	4816	0.62	较完整
B-SKLC-03	0.6~1.6	653.3~652.3	3072~4843	4045		0.44	完整性差
	1.6~2.4	652.3~651.5	3008~3401	3246	0.28	较破碎
	2.4~5.4	651.5~648.5	4264~5291	4876	0.64	较完整
	5.4~5.8	648.5~648.1	4202~4396	4299	4591	0.5	完整性差
	5.8~6.2	648.1~647.7	4535~5195	4865	0.64	较完整
	6.2~6.8	647.7~647.1	3106~4396	3966	0.42	完整性差
	6.8~10.0	647.1~643.9	4264~5391	4984	0.67	较完整
B-SKLC-04	0.6~2.0	652.7~651.3	3484~4464	3995		0.43	完整性差
	2.0~6.0	651.3~647.3	3759~5495	4979	0.67	较完整
	6.0~6.6	647.3~646.7	3527~4762	4033	4757	0.44	完整性差
	6.6~7.8	646.7~645.5	4608~5291	4996	0.67	较完整
	7.8~8.6	645.5~644.7	5291~5495	5418	0.79	完整
	8.6~9.0	644.7~644.3	4264~5013	4638	0.58	较完整
B-SKLC-05	0.6~2.4	652.3~650.5	3759~5013	4253		0.49	完整性差
	2.4~4.4	650.5~648.5	4608~5495	5187	0.72	较完整
	4.4~4.8	648.5~648.1	3361~3527	3444	4724	0.32	较破碎
	4.8~7.2	648.1~645.7	4464~5602	5073	0.69	较完整
	7.2~7.8	645.7~645.1	3284~3663	3436	0.32	较破碎
	7.8~8.6	645.1~644.3	5013~5495	5297	0.75	完整

孔号	孔深 /m	高程 /m	波速范围 /(m/s)	波速均值 /(m/s)		完整性 系数	完整性 评价
B-SKLC -06	0.6~1.6	651.5~650.5	4762~5602	5219	5022	0.73	较完整
	1.6~2.0	650.5~650.1	2915~3442	3179		0.27	较破碎
	2.0~3.2	650.1~648.9	4843~5602	5404		0.78	完整
	3.2~3.8	648.9~648.3	4264~5195	4740		0.6	较完整
	3.8~6.2	648.3~645.9	5013~5602	5381		0.78	完整
	6.2~6.8	645.9~645.3	3072~4024	3412		0.31	较破碎
	6.8~8.4	645.3~643.7	4926~5495	5216		0.73	较完整

A 区各孔岩体平均波速范围为 3953~4646m/s，分段岩体波速范围为 2947~5392m/s，声波完整性评价为较破碎~完整；B 区各孔岩体平均波速范围为 4568~5022m/s，分段岩体波速范围为 2984~5418m/s，声波完整性评价为较破碎~完整。

10.7.2 爆炸应力波检测

测定数据见表 10.26。

表 10.26　　　试验测定数据

标号	测点号	钻孔间隔距离 /cm	距药包中心距离 /cm	最大振幅 /mV	触发时间 /ms	传感器
I	1	56	56	30.97	0.0010908	1 号
	2	51	107	35.43	0.0011036	2 号
	3	52	159	—	—	3 号
	4	47.5	206.5		0.0011003	4 号
II	1	50	50	—	—	5 号
	2	46	96	32.78	0.0011003	6 号
	3	55	154	40.02	0.0010212	7 号
	4	43	197	—	—	8 号

10.8 典型试验

10.8.1 典型试验一（见表 10.27）

表 10.27 KE0＋480～KE0＋510 高程 656.00m 爆破试验参数

准爆部位	库周取料场		爆破时间	2018 年 6 月 14 日		
桩号/高程	KE0＋480～KE0＋510 高程 656.00m	单循环钻孔总数	67	进尺/循环/m	10～12.5	
爆破类别	毫秒延迟微差起爆	起爆方式	逐孔起爆	单循环方量	—	
炮孔布置图			见图 10.15			
单循环装药参数	预裂孔	孔数	—	单孔药量/kg	—	
		孔距/m	—	合计药量/kg	—	
		装药长度/m	—			
	主爆孔	孔数	67	单孔药量/kg	48.0～62.0	
		孔排距/(m×m)	3.0×2.0	合计药量/kg	3888	
		装药长度/m	8.0～10.5			
	缓冲孔	孔数/个	—	单孔药量/kg	—	
		孔距/m	—	合计药量/kg	—	
		装药长度/m	—			
	总装药量/kg	3888	最大单响药量/kg	62	线密度	—
	导爆索/m	—	段数	5	雷管/发	290
总量	炸药：2 号岩石乳化炸药，ϕ70 药卷 3888kg，共计 3888kg。普通毫秒导爆管雷管：1 段 10 发、3 段 20 发、5 段 100 发、7 段 20 发、13 段 140 发，共计 290 发					

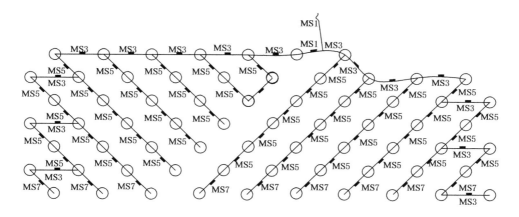

说明：炮孔内设双管13段非电雷管。

图 10.15　KE0＋480～KE0＋510 高程 656.00m
爆破试验起爆网路

测试系统记录到 γ 处爆炸应力波比较完整的波形。药包爆炸后，传感器要先后捕捉到两段不连续的，具有不同特征的波形信号。其中第一段信号由完整的压缩相和拉伸相组成，第二段信号只有压缩相，具备冲击信号的一些基本特征（见图 10.16）。

　　　　　　（a）　　　　　　　　　　　　　　　（b）

图 10.16　KE0＋480～KE0＋510 高程 656.00m
爆破试验效果照片

10.8.2 典型试验二（见表 10.28）

表 10.28　　　KE0＋360～KE0＋416 高程 645.00m 爆破试验参数

准爆部位	库周取料场	爆破时间	2018 年 6 月 15 日		
桩号/高程	KE0＋360～KE0＋416 高程 645.00m	单循环钻孔总数/个	89	进尺/循环/m	10～12
爆破类别	毫秒延迟微差起爆	起爆方式	逐孔起爆	单循环方量	—
炮孔布置图			见图 10.17		
单循环装药参数	预裂孔	孔数/个	—	单孔药量/kg	—
		孔距/m	—	合计药量/kg	
		装药长度/m	—		
	主爆孔	孔数/个	89	单孔药量/kg	57.5～74.0
		孔排距/(m×m)	3.0×3.0	合计药量/kg	6048
		装药长度/m	9.0～11		
	缓冲孔	孔数/个		单孔药量/kg	—
		孔距/m	—	合计药量/kg	
		装药长度/m			
	总装药量/kg		6048	最大单响药量/kg	74	线密度	—
	导爆索/m		—	段数	5	雷管/发	390
总量	炸药：2 号岩石乳化炸药，ϕ70 药卷 6048kg，共计 6048kg。普通毫秒导爆管雷管：1 段 10 发、3 段 40 发、5 段 120 发、7 段 40 发、13 段 180 发，共计 390 发				

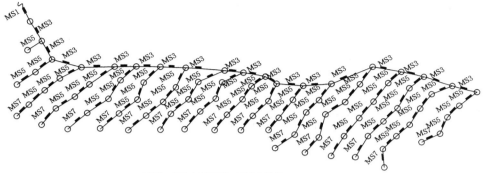

说明：炮孔内设双管13段非电雷管

图 10.17　KE0＋360～KE0＋416 高程 645.00m 爆破试验起爆网路

试验效果见图 10.18，自由面节理见图 10.19。

（a）　　　　　　　　　　　　（b）

图 10.18　KE0＋360～KE0＋416 高程 645.00m 爆破试验效果照片

（a）　　　　　　　　　　　　（b）

图 10.19　KE0＋360～KE0＋416 高程 645.00m 爆破试验揭露
自由面节理照片

10.8.3 典型试验三（见表 10.29）

表 10.29　　KE0＋410～KE0＋445 高程 656.00m 爆破试验参数

准爆部位	库周取料场		爆破时间		2018 年 6 月 16 日	
桩号/高程	KE0＋410～KE0＋445 高程 656.00m		单循环钻孔总数/个	89	进尺/循环/m	11～12
爆破类别	毫秒延迟微差起爆		起爆方式	逐孔起爆	单循环方量	—
炮孔布置图			见图 10.20			
单循环装药参数	预裂孔	孔数/个	—	单孔药量/kg		—
		孔距/m	—	合计药量/kg		—
		装药长度/m	—			
	主爆孔	孔数/个	89	单孔药量/kg		61.0～69.0
		孔排距/(m×m)	3.0×3.0	合计药量/kg		4896
		装药长度/m	10.0～11.0			
	缓冲孔	孔数/个	—	单孔药量/kg		—
		孔距/m	—	合计药量/kg		—
		装药长度/m	—			
	总装药量/kg		4896	最大单响药量/kg	69	线密度	—
	导爆索/m		—	段数	3	雷管/发	370
总量	炸药：2 号岩石乳化炸药，ϕ70 药卷 4896kg，共计 4896kg。 普通毫秒导爆管雷管：3 段 20 发、5 段 170 发、13 段 180 发，共计 370 发					

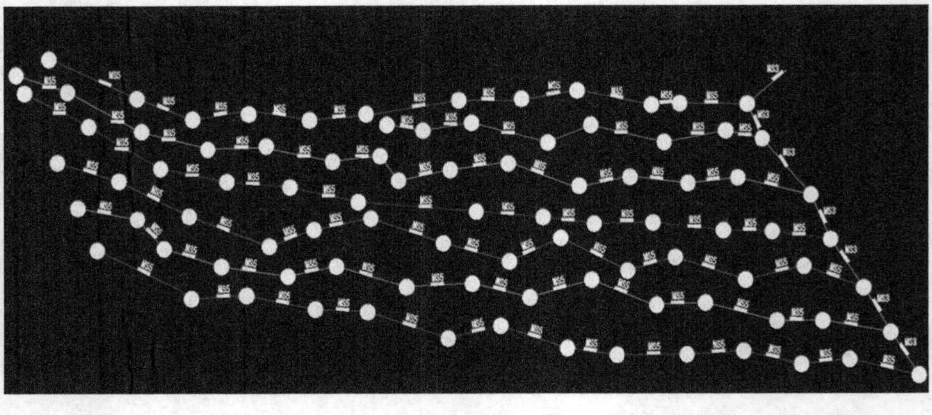

图 10.20　KE0＋410～KE0＋445 高程 656.00m 爆破试验起爆网路

试验效果见图 10.21。

(a)   (b)

图 10.21   KE0＋410～KE0＋445 高程 656.00m 爆破试验效果照片

10.8.4   典型试验四 (见表 10.30)

表 10.30   KE0＋420～KE0＋460 高程 645.00m 爆破试验参数

准爆部位	库周取料场		爆破时间		2018 年 6 月 17 日	
桩号/高程	KE0＋420～KE0＋460 高程 645.00m		单循环钻孔总数/个	72	进尺/循环/m	11～13
爆破类别	毫秒延迟微差起爆		起爆方式	逐孔起爆	单循环方量	—
炮孔布置图	见图 10.22					
单循环装药参数	预裂孔	孔数/个	—	单孔药量/kg		—
		孔距/m	—	合计药量/kg		—
		装药长度/m	—			
	主爆孔	孔数/个	72	单孔药量/kg		65.0～72.0
		孔排距/(m×m)	4.0×2.0	合计药量/kg		4920
		装药长度/m	10.0～12.0			
	缓冲孔	孔数/个	—	单孔药量/kg		—
		孔距/m	—	合计药量/kg		—
		装药长度/m	—			
	总装药量/kg		4920	最大单响药量/kg	72	线密度	—
	导爆索/m		—	段数	3	雷管/发	340
总量	炸药：2 号岩石乳化炸药，φ70 药卷 4920kg，共计 4920kg。 普通毫秒导爆管雷管：3 段 20 发、5 段 160 发、13 段 160 发，共计 340 发					

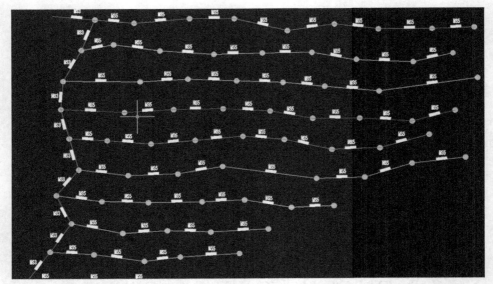

图 10.22 KE0＋420～KE0＋460 高程 645.00m 爆破试验起爆网路示意图

试验效果见图 10.23。

图 10.23（一） KE0＋420～KE0＋460 高程 645.00m 爆破试验效果照片

(e)

图 10.23（二） KE0＋420～KE0＋460 高程 645.00m 爆破试验效果照片

10.8.5　典型试验五（见表 10.31）

表 10.31　KE0＋520～KE0＋540 高程 656.00m 爆破试验参数

准爆部位		库周取料场		爆破时间		2018 年 6 月 18 日		
桩号/高程		KE0＋520～KE0＋540 高程 656.00m		单循环钻孔总数/个		54	进尺/循环/m	11～13
爆破类别		毫秒延迟微差起爆		逐孔方式		击发起爆	单循环方量	—
炮孔布置图				见图 10.24				
单循环装药参数	预裂孔	孔数/个	—		单孔药量/kg		—	
		孔距/m	—		合计药量/kg		—	
		装药长度/m	—					
	主爆孔	孔数/个	54		单孔药量/kg		70.0～90.0	
		孔排距/(m×m)	4.0×3.0		合计药量/kg		3960	
		装药长度/m	9.0～11.0					
	缓冲孔	孔数/个	—		单孔药量/kg		—	
		孔距/m	—		合计药量/kg		—	
		装药长度/m	—					
		总装药量/kg	3960	最大单响药量/kg		90	线密度	—
		导爆索/m	—	段数		3	雷管/发	250
总量		炸药：2 号岩石乳化炸药，φ70 药卷 3960kg，共计 3960kg。普通毫秒导爆管雷管：3 段 20 发、5 段 110 发、13 段 120 发，共计 250 发						

试验效果见图 10.25。

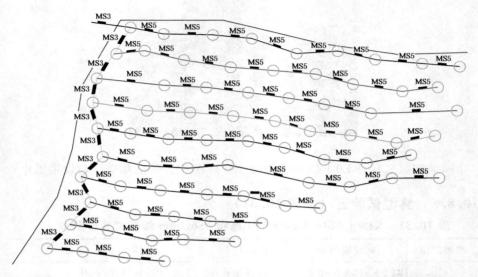

图 10.24 KE0＋520～KE0＋540 高程 656.00m 爆破试验起爆网路

（a） （b）

图 10.25 KE0＋520～KE0＋540 高程 656.00m 爆破试验效果照片

10.9 爆破参数的确定

荒沟电站料场孔网参数和炸药单耗如表 10.32 所示。

荒沟电站料场多节理、冻岩深孔台阶爆破采取逐孔起爆技术。经过以上分析，延期时间确定如表 10.33 所示。

表 10.32　　　　**荒沟电站料场 90mm 孔径爆破参数**

序号	孔径 /mm	台阶高 /m	孔深 /m	孔距 /m	排距 /m	填塞高度 /m	单耗 /(kg/m³)
前排	90	10	12.0	4.0	2.0	≥2	0.50
正常	90	10	11.5	4.0	2.5	≥2	0.55

注　表中孔网参数起爆方向和节理走向的空间关系。

表 10.33　荒沟电站料场多节理、冻岩深孔台阶爆破延期组合

（普通导爆管雷管）

节理 类型	冻岩温度	孔间延期时间		排间延期时间		孔内延期时间	
		段别	延时	段别	延时	段别	延时
垂直 节理	室温	MS3	50ms	MS5	110ms	MS11	490ms
	−10℃	MS3	50ms	MS5	110ms	MS13	720ms
	−20℃	MS2	25ms	MS4	75ms	MS13	720ms
平行 节理	室温	MS2	25ms	MS4	75ms	MS11	490ms
	−10℃	MS2	25ms	MS4	75ms	MS13	720ms
	−20℃	MS2	25ms	MS4	75ms	MS13	720ms
混合 节理	室温	MS3	50ms	MS5	110ms	MS11	490ms
	−10℃	MS3	50ms	MS5	110ms	MS13	720ms
	−20℃	MS2	25ms	MS4	75ms	MS13	720ms

MS2、MS3、MS4、MS5 误差为±10ms；MS11 误差为±45ms；MS13 误差为±50ms

第11章

研 究 结 论

目前，国内各地爆破设计施工规范不统一，难以进行工程现场技术交流，研究成果也很难推广应用到其他工程施工中。因此，研究高寒地区水电站节理发育、硬岩坝料爆破直采关键技术及其实践应用具有重要的理论意义和实用价值。

本书前 9 章总结了国内外对爆炸力学、岩石动力学、工程力学和工程爆破技术理论研究成果，并结合具体工程施工现场分析和实验，提出了高寒地区水电站节理发育、硬岩坝料爆破直采设计和施工原则，应遵循的技术思路和方法体系，可得出以下研究结论：

（1）在现场实践的基础上，参考国内外有关文献资料，把不同节理产状和发育度、不同梯度低温条件对高寒地区水电站坝料爆破直采影响简化分类为一类问题，即以爆破影响区域范围对爆破方案设计、施工进行分级问题。基于地温梯度和节理发育、产状的爆破性分级，可以针对爆破条件分别进行定量性爆破方案设计和专项施工安全技术。主要结论有：

1）节理裂隙对爆破效果的影响超过了岩体本身的物理力学性质；节理裂隙将岩体分裂成尺寸不一的天然岩块，影响爆破后块度分布；爆破块度的控制随着节理裂隙发育程度增大而变得很难实现。

2）形变能系数随温度的降低而减小，单位炸药消耗量随温度降低而增大，即岩的爆破性随温度下降而难爆。冻岩的抗拉强度随温度的下降而增大，说明冻岩的抗拉强度是影响冻土爆破性的主要因素。冻岩的抗压强度反映冻岩爆破性顺序由难到易为：－20℃、－10℃、室温（5～10℃）。冻岩的纵、横波速反映冻岩爆破性顺序由难而易为－20℃、－10℃、室温（5～10℃）。

3）冻岩的爆破块度分布较好地服从 G-G-S 分布函数。

4）饱和状态下，随着温度的降低，在－10～－20℃范围岩石强度在下降，达到－20℃左右后，强度又有所增加。分析认为，温度的降低，岩石黏度降低，该岩石明显脆化，黏度不足以维持岩石高强度，出现强度降低的情况。当温度降低到－20℃之后，综合影响下，爆破难度增加。

5）全应力-应变曲线在峰值前的斜率随着温度的降低而明显变化，破坏荷载降低，表现为岩石的刚度和强度均随温度的增大而降低。温度的降低，岩石脆性增加，黏度降低。当温度降低到－20℃之后，该岩石强度明显增加，冰强度的增加，致使整个岩体对外表现为黏度增加，出现强度增加的情况。岩石试件在各温度点峰值应力具有一定的离散性，总体上呈现随经历温度的升高而降低的趋势。

（2）研究了高寒地区水电站节理发育、硬岩坝料爆破震动破坏衰减规律、纵波传播规律及动力特性。得出基于爆破震动破坏衰减规律、纵波传播规律及动力特性的定量化爆破设计技术路线，即高寒地区水电站节理发育、硬岩坝料爆破直采施工方案中的爆破参数、安全技术的计算和选择，都是根据现场检测到的振动频率、振动速度、振动作用时间、单孔声发射、爆炸应力波和应力场分布规律分析研究后得到的。主要研究结论如下：

1）料场赋存岩层和薄层状岩石硬度系数在垂直和平行方向存在着的差异，必须在爆破设计中引起重视节理倾向与自由面倾向的影响关系。采取顺向爆破原则，就是调节爆破作用方向和结构面之间的关系，利用岩体中节理裂隙等结构面达到改善爆破质量的目的。

2）根据台阶抛掷后的岩层覆盖规律，爆堆上各质量控制点与各排炮孔之间的对应关系确定孔网参数的设计原则。

3）料场深孔台阶爆破最小抵抗线方向应指向节理裂隙发育特征不明显或者正交于节理裂隙。节理裂隙发育明显，需要增大排间距（a）值，延长爆轰气体在孔内作用时间。

4）在高寒地区，按照热力学定律炸药在做功过程中存在热量损失，热能不能全部转变成机械能，炸药做功能力低于常温环境条件。

5）得出按照不同低温梯度、不同节理裂隙发育程度和产状的爆破性分级。提出根据爆破区域岩体结构完整性，限定爆破损伤带原则。根据地表位移、速度和加速度大小，划分不同等级的爆破影响区域。

（3）提出了高寒地区水电站节理发育、硬岩坝料爆破直采设计、施工方案的设计原则；提出了高寒地区水电站节理发育、硬岩坝料爆破直采实施应遵循的技术思路和方法体系。

本书第 10 章结合中国水利水电第三工程局有限公司黑龙江荒沟抽水蓄能电站工程实践，系统研究高寒地区水电站节理发育、花岗岩坝料爆破振动衰减规律、纵波传播和爆炸应力场分布，结合爆破斗试验、现场工业试验，总结并提出了高寒地区的"节理发育、硬岩"的水电站坝料爆破直采施工方法，实现了安全和高效的施工目标，取得了一定的经济和社会效益。

由于实际情况的复杂性和施工等因素的不确定性以及现场测试、试验条件等的限制，加之作者自身学识的局限等，本书的研究有许多不完善甚或错误之处，在今后的工作中将进一步对本书提出的高寒地区的"节理发育、硬岩"的水电站坝料爆破直采设计和施工原则以及施工方法、安全技术等进行验证、改进和不断完善。

参 考 文 献

［1］ 陶颂霖. 凿岩爆破 ［M］. 北京：冶金工业出版社，1986.

［2］ 赵杰，付天光. 高强度和高精度导爆管雷管的研制 ［J］. 爆破器材，2005，34（2）：19-23.

［3］ 龙维祺. 钻眼爆破 ［D］. 北京：北京钢铁学院，1984.

［4］ 王礼立. 应力波基础 ［M］. 北京：国防工业出版社，1985.

［5］ 高金石. 爆破控制原理 ［D］. 西安：西安冶金建筑学院，1982.

［6］ 杨善元. 岩石爆破动力学的研究内容与范围 ［J］. 爆破，1987（3）：1-2.

［7］ 王文龙. 岩石破碎原理与技术 ［D］. 北京：中国矿业学院，1980.

［8］ 范文忠. 爆破理论与爆炸应力波 ［D］. 鞍山：鞍山钢铁学院，1984.

［9］ 钮强. 爆破与凿岩 ［D］. 沈阳：东北工学院，1984.

［10］ 中国力学学会. 爆破量测技术研究 ［D］. 泰安：山东矿业学院，1981.

［11］ 王梦恕. 21 世纪山岭隧道修建的趋势 ［J］. 铁道工程学报，1998（增刊）：4-7.

［12］ 关宝树. 21 世纪的地下空间利用 ［J］. 铁道工程学报，1998（增刊）：553-557.

［13］ RYBACH L, PFISTER M. How to predict rock temperature for deep Alpine tunnels ［J］. Journal of Applied Geophysics, 1994, 31: 261-270.

［14］ GOEL R K, JETHWA J L, PAITHANKAR A G. Tunneling through the young Himalayas: a case history of the Maneri - Uttarkashi power tunnel ［J］. Engineering Geology, 1995, 39: 31-44.

［15］ BHASIN R, BARTON N, GRIMSTAD E, et al. Engineering geological characterization of low strength anisotropic rocks in the Himalayan region for assessment of tunnel support ［J］. Engineering Geology, 1995, 40: 169-193.

［16］ KIMURA F, OKABAYASHI N, KAWAMOTO T. Tunneling through squeezing rock in two large fault zone of Enasan tunnel Ⅱ ［J］. Rock Mechanics and Rock Engineering, 1987, 20: 151-166.

［17］ 黄润秋，苟定才，曲科，等. 圆梁山特长隧道施工地质灾害问题预测 ［J］. 成都理工学院学报，2001，28（2）.

[18] 王贤能. 深埋隧道工程水-热-力作用的基本原理及其灾害地质效应研究 [D]. 成都：成都理工学院，1998.

[19] 许东俊. 岩爆应力状态研究 [J]. 岩石力学与工程学报，2000，19（2）：169-172.

[20] 刘小明，李焯芬. 脆性岩石损伤力学分析与岩爆损伤能量指数 [J]. 岩石力学与工程学报，1997，16（2）：140-147.

[21] 徐则民，黄润秋. 深埋特长隧道及其施工地质灾害 [M]. 成都：西南交通大学出版社，2000.

[22] 铁道部第二工程局. 铁路隧道施工规范：TB 10204—2002 [S]. 北京：中国铁道出版社，2002.

[23] 卿光全. 强化施工管理减少隧道爆破超挖 [J]. 世界隧道，1997，（4）：6-9.

[24] 陆晓辉，李洪奇. 秦岭隧道钻爆技术探析 [J]. 铁道工程学报，1998（增刊）：160-165.

[25] 于书翰，杜谟远. 隧道施工 [M]. 北京：人民交通出版社，1999.

[26] JOHANSSON C H, PERSSON P A. Detonics of High Explosives [M]. Pittsburgh：Academic Press，1970.

[27] LANGEFORS U, KIHLSTROM B. The Modern Technique of Rock Blasting [M]. New York：Halsted Press，1963.

[28] 邓聚龙. 灰理论基础 [M]. 武汉：华中科技大学出版社，2002.

[29] DENG J L. Grey forcasting control. In：Grey System [M]. China Ocean Press，1988.

[30] 林大泽. 爆堆块度评价方法研究的进展 [J]. 中国安全科学学报，2003（13），9：9-13.

[31] 陈嘉琨，范钦文，高耀林. 塑料导爆管 [M]. 北京：国防工业出版社，1987.

[32] 陈嘉琨，高耀林，范钦文. 塑料导爆管的工作可靠性 [J]. 爆破器材，1985（1）：6-8.

[33] 高耀林，范钦文. 塑料导爆管在连接件中的起爆过程 [J]. 爆破器材，1993（5）：15-16.

[34] 魏伴云，杨志宇，刘江云. 导爆管传爆机理的实验研究 [J]. 爆炸与冲击，1984，4（4）：54-59.

[35] 金石，广炯. 导爆管网路敷设中的弊病及其对传爆的影响 [J]. 爆破器材，1981（4）：23-25.

[36] 李先炜. 岩块力学性质 [M]. 北京：煤炭工业出版社，1982.

［37］ 蔡美峰. 岩石力学与工程［M］. 北京：科学出版社，2002.

［38］ 钮强，熊代余. 炸药岩石波阻抗匹配的试验研究 ［J］. 有色金属，1998，4（2）：10－12.

［39］ 刘佑荣，唐辉明. 岩体力学［M］. 北京：北京工业出版社，2009.

［40］ 李世平，吴振业，贺永年. 岩石力学简明教程［M］. 北京：煤炭工业出版社，1996.

［41］ 肖树芳，杨淑碧. 岩体力学［M］. 北京：地震出版社，1986.

［42］ ZHOU Y H. Crack Pattern Evolution and a Fractal Damage Constitutive Model for Rock［J］. International Journal of Rock Mechanics and Mining Sciences & Geomechanics Abstracts，1998，35（3）：349－366.

［43］ YANG R，BAWDEN W F，KATSABANIS P D. A New Constitutive Model for Blast Damage［J］. International Journal of Rock Mechanics and Mining Sciences & Geomechanics Abstracts，1996，33（3）：245－254.

［44］ 吴政，张承娟. 单轴载荷作用下岩石损伤模型及其力学特性研究［J］. 岩石力学与工程学报，1996，15（1）：55－61.

［45］ 李翼祺，马素贞. 爆炸力学［M］. 北京：科学出版社，1992.

［46］ J C 耶格，N G W 库克. 岩石力学基础［M］. 中国科学院工程力学所，译. 北京：科学出版社，1981.

图 1.1　高寒地区节理发育、硬岩料场爆破直采效果示意

图 2.1　单轴压力试验机

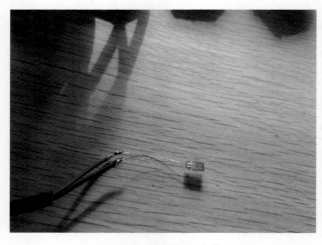

图 5.5　试验应变片

图 5.6 试验电阻应变片

图 5.8 应变仪

图 5.9　试验现场波存和应变仪

（a）$R/d=5$，无充填

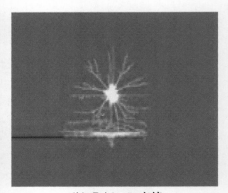

（b）$R/d=5$，充填

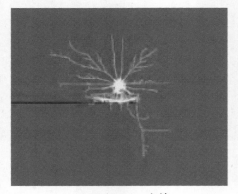

（c）$R/d=10$，充填

图 10.1　半无限节理对爆炸破裂效果的影响

(a) $t = 6\mu s$

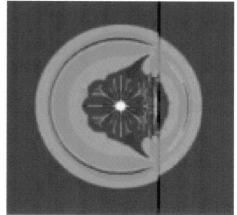

(b) $t = 20\mu s$

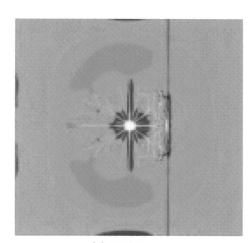

(c) $t = 100\mu s$

图 10.2　含长节理岩体爆破过程

（a）$t = 6\mu s$

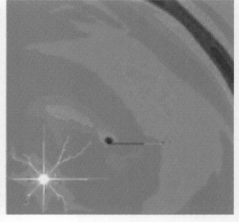

（b）$t = 30\mu s$

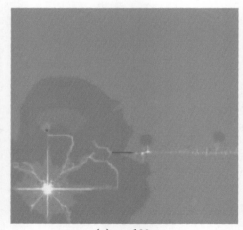

（c）$t = 100\mu s$

图 10.5　节理夹角 $\alpha = 30°$ 时的爆破过程

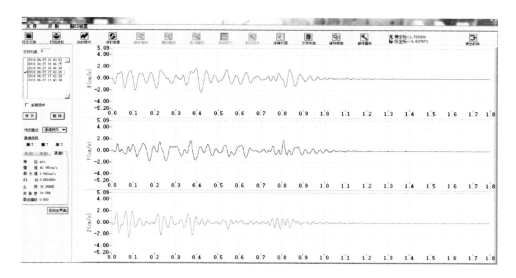

图 10.10　上水库料场岩体 SKLC - 01 监测点振动波形图

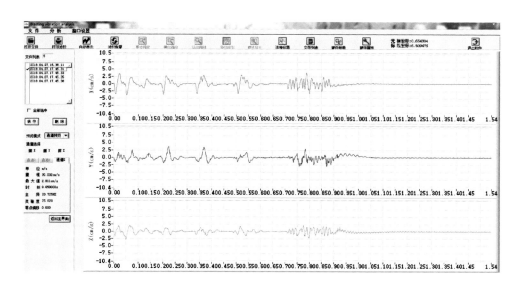

图 10.11　上水库料场岩体 SKLC - 02 监测点振动波形图

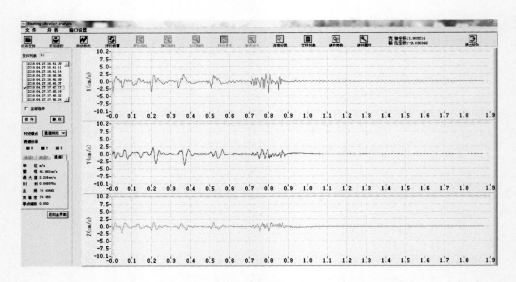

图 10.12　上水库料场岩体 SKLC-03 监测点振动波形图

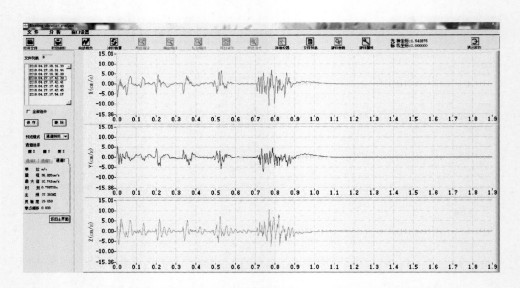

图 10.13　上水库料场岩体 SKLC-04 监测点振动波形图

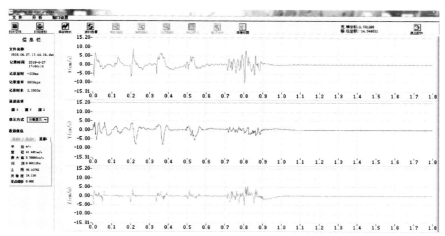

图 10.14　上水库料场岩体 SKLC－05 监测点振动波形图

（a）

（b）

图 10.16　KE0＋480～KE0＋510 高程 656.00m 爆破试验效果照片

（a）

（b）

图 10.18　KE0＋360～KE0＋416 高程 645.00m 爆破试验效果照片

(a)

(b)

图 10.19　KE0＋360～KE0＋416 高程 645.00m 爆破试验揭露
自由面节理照片

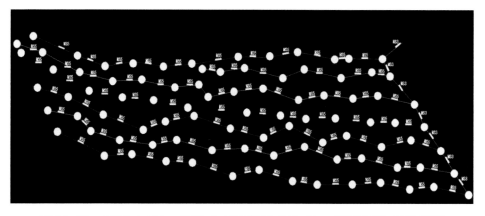

图 10.20　KE0＋410～KE0＋445 高程 656.00m 爆破试验起爆网路

(a)

(b)

图 10.21　KE0＋410～KE0＋445 高程 656.00m
爆破试验效果照片

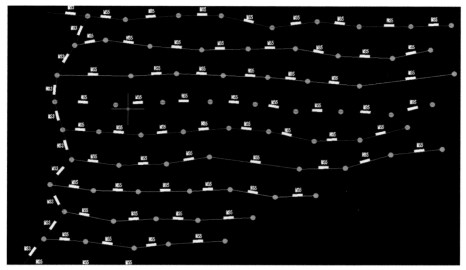

图 10.22 KE0＋420～KE0＋460 高程 645.00m 爆破试验起爆网路示意图

(a)

图 10.23（一） KE0＋420～KE0＋460 高程 645.00m 爆破试验效果照片

(b)

(c)

(d)

图 10.23（二）　KE0＋420～KE0＋460 高程 645.00m 爆破试验效果照片

(e)

图 10.23（三） KE0＋420～KE0＋460 高程 645.00m 爆破试验效果照片

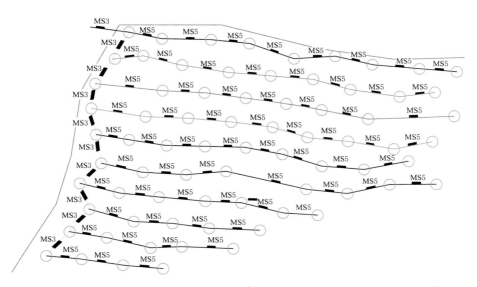

图 10.24 KE0＋520～KE0＋540 高程 656.00m 爆破试验起爆网路

(a)

(b)

图 10.25　KE0＋520～KE0＋540 高程 656.00m 爆破试验效果照片